CHAMBRE DE COMMERCE DE DOUAI

COMPTE-RENDU
DES TRAVAUX
DE LA CHAMBRE
PENDANT L'ANNÉE 1874

DOUAI
IMPRIMERIE DECHRISTÉ, RUE JEAN-DE-BOLOGNE

1875

CHAMBRE DE COMMERCE DE DOUAI

COMPTE-RENDU

DES TRAVAUX

DE LA CHAMBRE

PENDANT L'ANNÉE 1874

DOUAI

IMPRIMERIE DECHRISTÉ, RUE JEAN-DE-BOLOGNE

—

1875

COMPTE-RENDU
DES TRAVAUX
PENDANT
L'ANNÉE 1874

PREMIÈRE PARTIE
SERVICE INTÉRIEUR DE LA CHAMBRE

NOMINATIONS DE MEMBRES CORRESPONDANTS.

Extrait du procès-verbal de la séance du 2 mars 1874.

M. le Président fait remarquer que le nombre un peu restreint des membres dont la Chambre de Commerce est composée, ne permet pas toujours de réunir dans certaines questions les lumières nécessaires pour les discuter et les résoudre avec toute l'autorité nécessaire. Il propose donc qu'à l'exemple de certaines Chambres de Commerce, il soit suppléé à l'insuffisance du nombre légal des membres titulaires par l'adjonction d'un certain nombre de membres correspondants, qui n'auraient que voix consultative.

La Chambre décide que cette question sera mise à l'ordre du jour de sa plus prochaine séance.

Extrait du procès-verbal de la séance du 21 *mai* 1874.

Conformément à l'article 10 de la loi du 3 septembre 1851, sur les Chambres de Commerce, MM. Cailliau, banquier, Chartier Alain, industriel, Farez, ingénieur-civil, et Charles Lanvin, fabricant de sucre, sont élus au scrutin, sur la proposition de plusieurs membres, membres correspondants de la Chambre de Commerce de Douai.

Ils seront immédiatement informés de leur nomination par M. le Président.

Extrait du procès-verbal de la séance du 11 *juin* 1874.

INSTALLATION DE MM. CAILLIAU, CHARTIER, FAREZ ET LANVIN, NOMMÉS MEMBRES CORRESPONDANTS.

M. le Président donne lecture des articles de la loi du 3 septembre 1851 concernant les membres correspondants des Chambres de Commerce, et déclare MM. Cailliau, Chartier, Farez et Lanvin, installés dans leurs fonctions.

Bien qu'en vertu de la loi précitée, la Chambre puisse porter à douze le nombre de ses membres correspondants, elle entend borner, quant à présent, son choix aux quatre membres qui ont bien voulu lui apporter le concours de leurs connaissances spéciales dans les questions si importantes et si variées dont le programme s'étend chaque jour.

RENOUVELLEMENT PARTIEL DE LA CHAMBRE.

Extrait du procès-verbal de la séance du 10 *décembre* 1874.

Conformément à l'invitation qui lui en a été faite par M. le Maire de la ville de Douai, la Chambre s'occupe de fixer le jour pour le premier renouvellement partiel des membres élus en vertu du décret du 22 janvier 1872.

La Chambre propose que l'élection ait lieu le jeudi 24 de ce mois, dans une des salles de la Mairie de Douai, et que le scrutin soit ouvert de dix heures du matin à quatre heures du soir.

Les membres sortants sont : MM. Giroud, Picot, Patoux et Billet.

DEUXIÈME PARTIE

QUESTIONS D'INTÉRÊT LOCAL

COURS DES MARCHANDISES PRÈS LA BOURSE DE DOUAI.

Extrait du procès-verbal de la séance du 15 janvier 1874.

M. le Président donne communication de la lettre suivante de M. le Ministre de l'Agriculture et du Commerce.

Versailles, le 4 janvier 1874.

A Monsieur le Président de la Chambre de Commerce de Douai.

Monsieur le Président,

Mon Département recevait, avant l'année 1870, les cotes, mercuriales et prix-courants qui lui étaient transmis par la Chambre de Commerce que vous présidez.

Je vous serais fort obligé, Monsieur le Président, de vouloir bien continuer cet envoi, comme par le passé, et de m'adresser ces divers renseignements sous le timbre de la *Direction du Commerce extérieur, 3e bureau.*

Recevez, Monsieur le Président, l'assurance de ma considération très-distinguée.

Le Ministre de l'Agriculture et du Commerce,
A. Deseilligny.

Après cette lecture, la Chambre charge deux de ses membres, MM. Lefebvre-Choquet et Wibault, de s'entendre avec les courtiers de la place pour qu'il soit déféré à l'invitation de M. le Ministre du Commerce.

Extrait du procès-verbal de la séance du 19 *février* 1874.

M. Wibault donne lecture du rapport ci-après :

Rapport de la Commission chargée d'étudier la question de la création d'une Commission pour la constatation des cours des marchandises sur la place de Douai.

Messieurs,

Dans notre séance du 15 janvier 1874, M. le Président nous communiquait une lettre de M. le Ministre de l'Agriculture et du Commerce, par laquelle il le prie de lui faire parvenir régulièrement les prix courants des diverses marchandises qui sont le principal élément du commerce de la région que nous représentons.

Depuis longtemps, il est vrai, l'Administration municipale adresse au Ministère de l'Intérieur le cours des grains et graines qu'elle tient des bouteurs. Il en est autrement pour ceux des autres denrées, et cela pour cette raison, qu'aucune cote n'est établie officiellement dans la ville de Douai.

Pour répondre à l'invitation contenue dans la lettre du Ministre, en date du 4 janvier dernier, et satisfaire notamment aux intérêts du commerce de sucre si considérables dans l'arrondissement, la Chambre a chargé deux de ses membres, MM. Lefebvre-Choquet et Wibault, d'étudier la question.

La Commission ainsi formée s'est empressée d'inviter par une circulaire MM. les courtiers, distillateurs, fabricants de sucre et autres industriels ou négociants à se réunir dans une des salles de l'Hôtel-de-Ville, afin de se concerter avec eux sur la création d'une Commission spécialement chargée d'établir à jour fixe, les cours officiels des sucres, 3/6, des grains et de quelques autres marchandises vendues sur place.

Cette réunion a eu lieu le 22 janvier dernier; M. Lefebvre, qui la présidait, après avoir remercié les personnes qui avaient bien voulu répondre à son appel, leur fit part de la lettre de M. le Ministre et de la décision de la Chambre de Commerce; et après leur avoir fait comprendre les avantages que le commerce pourrait retirer d'une cote officielle établie à Douai, comme elle se fait dans les villes qui nous environnent, il fit connaître les dispositions de la loi du 18 juillet 1866 et du décret du 22 décembre, même année.

Il semble à propos, Messieurs, de vous en rappeler les principaux articles.

Le décret, après avoir visé l'article 9 de la loi du 18 juillet 1866 qui règle la matière, dispose dans son article :

1° Que dans les villes où il existe une liste de courtiers inscrits dressée par le Tribunal de Commerce, le cours des marchandises est constaté par les courtiers inscrits sur ladite liste. Cet article n'est pas applicable à Douai puisqu'il n'y existe pas de courtiers inscrits.

Ce sont les dispositions de l'article 5 qui sont applicables à notre localité. Cet article, en effet, dispose que dans les villes où il n'existe pas de courtiers inscrits, le cours des marchandises est constaté par des courtiers et négociants de la place réunis désignés, chaque année, par la Chambre de Commerce.

L'article 6 donne à la Chambre de Commerce la mission de déterminer les marchandises dont le cours doit être constaté, ainsi que le jour et les heures où la constatation doit avoir lieu. Les membres ainsi désignés par la Chambre cessent leurs fonctions au bout de l'année; ils peuvent être désignés de nouveau après un intervalle d'un an (§ 2 de l'art. 3).

L'article 7 dit que la constatation des cours est faite pour chaque spécialité de marchandises par les membres de la réunion qui la représentent, spécialement réunis en section.

Cependant, la Chambre de Commerce peut, si elle le juge convenable, décider que la constatation des cours sera faite en réunion générale, sans division par spécialité.

Après la lecture de ces différentes dispositions de la loi, M. Giroud a démontré que la ville de Douai, qui ne possède aucun courtier inscrit, se trouve dans les conditions de l'article 5 du décret du 22 décembre 1866, c'est-à-dire que le cours des marchandises doit être constaté par des courtiers et des négociants réunis; il s'est attaché à faire ressortir la différence très-grande, établie par le législateur dans les attributions respectives du courtier inscrit et du courtier qui ne l'est point; le premier a des charges fiscales plus lourdes, il est courtier en titre, il ne peut s'occuper que de courtage; son intervention offre donc plus de garantie, d'impartialité et et de sécurité que celle du courtier non inscrit qui peut être à son choix acheteur pour d'autres ou acheteur pour lui-même.

Il a bien fait ressortir pour MM. les courtiers qui étaient en majorité dans la réunion, les attributions de la Chambre de Commerce pour l'exécution de la loi et notamment le droit de désigner les personnes qui doivent concourir à l'établissement de la cote; enfin, il a insisté sur la nécessité de publier périodiquement, dans l'intérêt du commerce général et de celui de Douai en particulier, une cote officielle de la valeur des marchandises; il faut démontrer par des faits, non pas seulement à notre arrondissement, mais à toutes les places commerciales avec lesquelles Douai a des relations, que cette ville possède l'un des plus importants marchés de sucre de France.

M. Edmond Paix a ensuite fait connaître que le cours des principales marchandises s'établit à Paris par les déclarations que font les courtiers et les négociants des affaires qu'ils ont traitées. Ces renseignements sont transmis aux Agents de la Chambre syndicale et aux courtiers inscrits qui peuvent avec toute sécurité et la plus grande impartialité en déduire la cote officielle. Ce système doit engager toutes les personnes intéressées à prêter leur concours à l'établissement des mercuriales.

Après échange de quelques autres explications, on prit note des noms des personnes présentes et de l'adhésion de celles disposées à faire partie de la Commission de constatation. La séance fut levée, le bureau restant chargé du soin de compléter la liste de MM. les courtiers, fabricants et négociants, manquant à la réunion, également disposés à prêter leur concours.

En voici la liste :

DU COTÉ DES COURTIERS :

MM. Campion, sucre, 3/6, mélasses.
Dupire Auguste, id.
Lefebvre Camille, id.
Maure, id.
Pochet, id.
Pouille, id.
Ruez, id.
Delcroix, charbons.
Poteau Félix, grains, graines, huiles, tourteaux.
Silvin, id.
Carlier, id.
Fiévet D., id. et tourteaux.

DU COTÉ DES NÉGOCIANTS :

MM. Billet, sucre, 3/6, mélasses.
Bane, verrerie.
Groult, sucre, 3/6, mélasses.
Giroud, id.
Trannin, sucre, mélasses.
Pointurier, 3/6, mélasses.
Lefebvre-Choquet, sucre, 3/6, mélasses.
Field, sucre.
Cresson Louis, charbons.
Duez, fils, id.
Paix Edmond, grains, graines, huiles, tourteaux.
Cavrois, id.
Labisse Edouard, id.
Lesens, tourteaux.
Farez, huiles, graisses.
Boulanger id.
Paix Paul, raffineur, pétrole.

Votre Commission s'étant acquittée du travail préparatoire dont vous l'avez chargée, vous propose de procéder immédiatement à la désignation des personnes qui composeront, pendant l'année courante, la Commission de constatation des cours.

La Chambre aura de plus à désigner les diverses marchandises admises à la cote et à décider si, en raison de leur nature différente, la Commission devra ou non se diviser en sections.

Le Rapporteur,
WIBAULT.

Après en avoir délibéré :
La Chambre de Commerce de Douai,

Vu la lettre de M. le Ministre de l'Agriculture et du Commerce, en date du 4 janvier 1874 ;

Vu le décret du 22 décembre 1866 pour la constatation des mercuriales des marchandises ;

Entendu lecture du rapport de la Commission chargée de préparer l'organisation d'une Commission permanente des cours de marchandises;

Décide que le projet d'organisation suivant sera soumis à l'approbation de M. le Préfet du Nord.

Article premier.—Il est créé, près la Bourse de Douai, une Commission permanente divisée en deux sections pour la constatation des cours des marchandises.

Art. 2. — Les marchandises dont l'indication suit, seront admises à la cote.

Première section.— Sucre, trois-six, mélasses, houille.

Deuxième section. — Grains, farines, issues, graines oléagineuses, tourteaux, huiles.

Art 3. — La section pour les sucres et produits similaires est composée de quatre commerçants et de quatre courtiers.

La section pour les grains, graines et leurs dérivés est composée de trois commerçants et de trois courtiers.

Tous ces membres sont à la nomination de la Chambre de Commerce.

Art. 4. — Le Président de la Commission est désigné par la Chambre de Commerce.

Art. 5. —Les fonctions des Membres ainsi désignés dureront un an ; ils ne seront rééligibles qu'une année après leur sortie de charge.

Art. 6. — Chaque section arrêtera tous les jeudis les cours des marchandises de sa catégorie : pour les sucres, à l'heure de la Bourse ; pour les grains, à l'issue du marché.

Art. 7. — Le procès-verbal de constatation des cours, signé par les Présidents et les Secrétaires des sections, sera immédiatement déposé au Secrétariat de la Chambre de Commerce, laquelle en assurera la publication; une copie en sera, par ses soins, adressée à M. le Ministre de l'Agriculture et du Commerce.

Art. 8. — Des règlements pour le service de la Commission et des sections seront délibérés par elles et présentés à l'approbation de la Chambre de Commerce.

La Chambre désigne ensuite pour faire partie de cette Commission, savoir :

1° POUR LES TROIS-SIX, SUCRES, MÉLASSES ET HOUILLES.

4 négociants. — MM. Field ;
Fiévet Edouard ;
Giroud ;
Pointurier.

4 courtiers. — MM. Campion ;
Dupire ;
Pochez ;
Pouille.

2° POUR LES GRAINS, GRAINES, HUILES DIVERSES ET TOURTEAUX.

3 négociants. — MM. Cavroy ;
Labisse Edouard ;
Paix Edmond.

3 courtiers. — MM. Poteau Félix ;
Silvin ;
Carlier.

M. le Président est prié de vouloir bien soumettre immédiatement à l'approbation de M. le Préfet la délibération ci-dessus de la Chambre.

NOMINATION DU PRÉSIDENT DE LA COMMISSION GÉNÉRALE.

Extrait du procès-verbal de la séance du 19 *mars* 1874.

Aux termes de l'article 4 du réglement de la Commission permanente pour la constatation des cours de marchandises, approuvé par M. le Préfet du Nord, le 9 mars courant, la Chambre procède à l'élection du Président de la Commission générale.

Est élu à l'unanimité, Président de la Commission permanente, M. Edmond Paix, membre de la Chambre de Commerce.

La Chambre décide que la Commission sera installée par elle en séance extraordinaire, le jeudi 26 mars courant.

INSTALLATION DE LA COMMISSION PERMANENTE

de constatation des cours des marchandises près la Bourse de Douai.

Extrait du procès-verbal de la séance du 26 *mars* 1874.

Présidence de M. Giroud.

Sont présents : MM. Hanotte, vice-président, Bane, Billet, Paix, Picot, Wibault, Mille.

Le seul objet à l'ordre du jour est : *Installation de la Commission de constatation des cours.*

Les membres de cette Commission, qui assistent à la séance sont :

1re *Section :* MM. Field, Fiévet Edouard, Giroud, Pointurier, négociants.
Campion, Dupire, Pouille, courtiers.

2e *Section :* MM. Cavroy, Labisse Edouard, négociants.
Carlier, Poteau Félix, Silvin, courtiers.

M. Pochez, courtier (1re section) se fait excuser.

M. le Président remercie MM. les membres de la Commission de constatation de l'empressement que chacun d'eux a mis non seulement à accepter le mandat qui lui a été offert, mais encore à assister à cette séance. En raison des chiffres importants qui, chaque semaine, figurent dans les transactions sur les denrées du marché douaisien, notamment en sucres et en grains et graines, le rôle de la Commission sera à la fois actif et utile, car le zèle de ses membres ne fera certainement pas défaut.

M. le Président donne lecture de la lettre que lui écrivait M. le Ministre de l'Agriculture et du Commerce, le 4 janvier dernier, au moment même où la Chambre s'occupait de créer une Commission de constatation du cours des marchandises.

M. le Président donne aussi lecture des dispositions légales (18 juillet 1866, art. 9) réglant la matière ; du décret impérial du 22 décembre, art. 5, complétant ces dispositions ; du réglement de la Commission, approuvé par M. le Préfet en date du 9 mars 1874 ; il déclare ensuite la Commission installée et l'invite à se retirer dans le local affecté à ses réunions pour procéder à l'élection d'un Président et d'un Secrétaire pour chacune des deux sections.

A la Chambre est réservé le choix du Président de la Commission entière ; elle a dans une séance précédente confié ce mandat à M. Paix Edmond.

M. le Président rappelle que les pouvoirs de la Commission ne doivent durer qu'un an et que ses membres ne sont rééligibles qu'après l'intervalle d'une année.

Bien que la Chambre ait désigné les espèces de marchandises dont les cotes doivent figurer sur le bulletin hebdomadaire, la Commission pourra toujours, par l'organe de son Président et pour chacune des deux sections, proposer d'autres marchandises que celles déjà indiquées.

Plusieurs membres proposent la *potasse* et les *noirs*. La Chambre, après la sortie de la Commission de constatation, décide que les sels de potasse et les noirs seront aussi cotés ; la Commission indiquera, en outre, le stock des sucres à l'entrepôt et, si faire se peut, l'importance des transactions commerciales en grains et graines.

DÉSIGNATION DES PRÉSIDENTS ET SECRÉTAIRES DES DEUX SECTIONS.

Addition au procès-verbal du 26 mars 1874.

La Commission de constatation des cours des marchandises, réunie dans le local des séances du Conseil des Prud'hommes, sous la présidence de M. Edmond Paix, a ainsi composé ses bureaux :

1re *Section :* MM. Fiévet Edouard, Président ; Dupire, Secrétaire.

2e *Section :* MM. Paix Edmond, Président ; Labisse Edouard, Vice-Président ; Poteau Félix, Secrétaire.

APPROBATION DU RÉGLEMENT INTÉRIEUR

de chacune des deux sections.

Extrait du procès-verbal de la séance du 22 *avril* 1874.

On se rappelle qu'aux termes de l'article 8 du réglement général approuvé, le 9 mars dernier, par M. le Préfet du Nord, le réglement intérieur des deux sections doit être soumis à l'examen de la Chambre. M. le Président donne, en conséquence, lecture du projet concernant chacune des deux sections.

Ces projets sont successivement adoptés.

Avis en sera donné à M. le Président de la Commission générale.

TARES ET COUTUMES COMMERCIALES DANS L'ARRONDISSEMENT DE DOUAI.

Extrait du procès-verbal de la séance du 15 *janvier* 1874.

M. le Président donne communication de la lettre ci-après de M. le Ministre de l'Agriculture et du Commerce relative à l'établissement d'un tableau contenant les tares et usages du commerce dans l'arrondissement de Douai.

Paris, le 4 janvier 1874.

A Monsieur le Président de la Chambre de Commerce de Douai.

Monsieur le Président,

Plusieurs Chambres de Commerce m'ont adressé un exemplaire d'une brochure intitulée : *Tares et usages du commerce, etc.*

Les renseignements que renferment ces brochures sur les tares, réfactions, dons et termes accordés sur les marchandises, offrent un intérêt réel à mon Département. A ce point de vue, je vous serais fort obligé de m'adresser les documents de même nature approuvés par la Chambre de Commerce que vous présidez.

Recevez, Monsieur le Président, l'assurance de ma considération très distinguée.

Le Ministre de l'Agriculture et du Commerce,
A. Deseilligny.

Après cette lecture, la Chambre nomme une Commission chargée d'établir ce travail.

Extrait du procès-verbal de la séance du 22 avril 1874.

M. Wibault, rapporteur de la Commission chargée de dresser le tableau des tares et usages du commerce, donne lecture du tableau suivant :

(*Voir ce tableau à la page suivante*).

[illegible]

Après en avoir délibéré, la Chambre adresse ses félicitations et ses remerciments à M. Wibault, adopte le tableau ci-dessus et décide qu'une copie en sera tout de suite envoyée à M. le Ministre de l'Agriculture et du Commerce, une seconde à M. le Maire de Douai, et deux autres seront affichées dans les Cercles de la rue Saint-Jacques et de la Grand'Place où se tiennent des réunions de négociants et de fabricants.

MARCHANDISES TAXÉES A LA VALEUR.

Extrait du procès-verbal de la séance du 1er octobre 1874.

M. le Président donne connaissance de la lettre ci-après de M. le Ministre de l'Agriculture et du Commerce.

Versailles, le 14 septembre 1874.

A Monsieur le Président de la Chambre de Commerce de Douai.

Monsieur le Président,

Le protocole annexé à la déclaration signée entre la France et l'Angleterre, le 24 janvier dernier, et approuvée par décret du 5 mai suivant, contient la disposition ci-après :

Dans chacun des bureaux de douane ouverts à l'importation des marchandises taxées à la valeur, une liste de fabricants ou négociants pouvant servir d'experts sera dressée, chaque année, par la Chambre de Commerce dans la circonscription de laquelle se trouve ledit bureau ; copie de cette liste sera transmise au Ministère de l'Agriculture et du Commerce et au Ministère des Finances.

Une circulaire de M. le Directeur-Général des Douanes, en date du 22 Mai suivant (nº 1240), dont un exemplaire a été remis à votre Chambre de Commerce, a reproduit et expliqué ce document.

Je vous prie en conséquence, Monsieur le Président, de vouloir bien dresser la liste des négociants ou fabricants aptes à servir d'experts pour l'examen des contestations relatives à la valeur des marchandises qui s'élèveraient dans les bureaux de Douane de votre circonscription ouverts à l'importation des marchandises taxées *ad valorem*.

Pour faciliter ce travail, je crois devoir vous rappeler, par la liste ci-jointe, les divers produits manufacturés dont les experts désignés par votre Chambre de Commerce auraient, le cas échéant, à apprécier la valeur.

Recevez, Monsieur le Président, l'assurance de ma considération très distinguée.

Le Ministre de l'Agriculture et du Commerce,

L. GRIVART.

Conformément à cette invitation, la Chambre arrête de la manière suivante, pour l'année 1874-1875, la liste des experts fabricants et négociants de la circonscription du Bureau de Douai, pour les marchandises taxées à la valeur, dans l'application du protocole annexé à la déclaration signée entre la France et l'Angleterre, le 24 janvier dernier.

Traité de commerce avec l'Angleterre.

EXPERTS :

1° *Huiles et essences minérales. — Essences de houille.*

MM. Farez, Boulanger Anicet, Paix Paul, Wuibault Henri, Evrard fils, Galez, et Tesse-Desmaret.

2° *Produits chimiques, aluminium, orseille, vernis, crayons à gaine de bois. poterie, verres et cristaux, allumettes chimiques, bougies, chandelles.*

MM. Farez, Boulanger Anicet, Noël-Dieu, Leconte, Boucher, Dupire, Frey, Caton, Ducret, Chartier.

3° *Fil de phormium tenax, d'abaca, etc. dentelles de lin ou de coton, tulle de coton avec application d'ouvrages en dentelle de fil.*

MM. Bailey, de Bailliencourt, Demézières, Asselin de Williencourt, et Wagon.

Ouvrages en peau ou en cuir.

MM. Goube, Hanotte-Goube, Robaut, Coppin et Mille.

5° *Ouvrages en écume de mer, vannerie, horloges en bois, bimbeloterie, agates, coutellerie, brosserie, liège ouvré, mercerie, boutons autres que de passementerie, ouvrages en crin ou en poil de vache autres que les tissus, parapluies et parasols.*

MM. Durif, Lecouffe, Cuvelier, Descamps père, Vandamme, Férier, Chassagne, Despinoy-Rocquet.

6° *Carrosserie, tabletterie, voitures, échelles, tombereaux, ouvrages en bois, meubles.*

MM. Hanotte Victor, Hanotte Eugène, Béghin, Corroyer, Lion, Mongrenier, Thorez, Mouton.

7° *Instruments de musique.*

MM. Détrain Adolphe, Heisser et Petit.

M. le Président est prié de vouloir bien transmettre à M. le Ministre de l'Agriculture et du Commerce la liste des experts ci-dessus désignés.

ENTREPOTS DE DOUAI.

Agrandissement des Magasins. — Assurance des Marchandises.

Douai, le 10 novembre 1873.

Le Président de la Chambre de Commerce de Douai à Monsieur le Maire de Douai.

Monsieur le Maire,

Depuis quelques jours, le commerce et les fabricants de sucre de nos environs m'entretiennent de leurs appréhensions au sujet de l'insuffisance de notre entrepôt, en présence des quantités de sucre qui l'encombrent déjà, et de celles non moins grandes qu'ils désirent encore y placer. Ils craignent que ces derniers sucres ne soient refusés, et ils me prient d'obtenir de l'Administration qu'elle loue, en ville, des locaux susceptibles de les recevoir.

Ces appréhensions me paraissent fondées.

Les sucres à entreposer seront en quantité considérable, cette année. L'exportation en enlève bien peu, et l'avilissement actuel des prix déterminera beaucoup de fabricants à waranter leurs produits, pour se donner le moyen d'en attendre le relèvement.

Le commerce de la région a, d'ailleurs, le plus grand intérêt à conserver ses sucres dans un entrepôt central, comme l'est celui de Douai. La ville, de son côté, ne semble pas en avoir un moindre à satisfaire, même au prix de quelques sacrifices, les besoins de sa clientèle pour se la conserver.

Permettez-moi d'espérer, Monsieur le Maire, que, touché par ces considérations, vous prescrirez les mesures nécessaires pour l'emmagasinement des sucres qui seront encore dirigés sur notre entrepôt.

Veuillez agréer, etc.

Signé : C. Giroud.

Douai, le 26 mai 1874.

Le Président de la Chambre de Commerce à Monsieur le Maire de la ville de Douai.

Monsieur le Maire,

La Chambre de Commerce de Douai a eu à examiner, en suite des plaintes générales du Commerce, la situation actuelle de nos entrepôts et, avec lui, elle reconnaît l'insuffisance de leurs magasins comme l'inéluctable nécessité pour la ville d'en construire de nouveaux, si elle tient à ne pas laisser refluer vers d'autres entrepôts les marchandises qu'en raison de sa position on préfère mettre dans les siens.

L'expédient auquel elle a du recourir cette année, la location de 17 à 18 magasins disséminés en divers quartiers, a bien conjuré ce danger une fois; mais il ne pourrait être employé de nouveau impunément. Le commerce ne s'y prêterait plus : il demande pour ses marchandises des magasins parfaitement appropriés à leur destination et qui ne les exposent à aucune altération ; il ne veut pas, lorsqu'il doit lever des échantillons, avoir à les prendre dans divers quartiers éloignés les uns des autres.

Pour la ville, le dommage et les inconvénients ne sont pas moindres ; elle connaît aujourd'hui ce que lui ont coûté :

1° La location des magasins annexes ;

2° Leur appropriation telle quelle ;

3° Le camionnage des marchandises dans ces magasins ;

4° L'augmentation du personnel résultant de leur multiplicité et de leur éloignement ;

5° Enfin les retards inévitables dans le déchargement des wagons, retards punis d'une forte amende.

A ces considérations s'en ajoute une autre sur laquelle, Monsieur le Maire, la Chambre de Commerce a l'honneur d'appeler votre attention :

La ville s'est fait accorder par l'Administration supérieure le privilége d'ouvrir un magasin général. En fait ce magasin général n'existe pas, les locaux qui lui sont réservés étant d'une insuffisance absolue pour les marchandises encombrantes. Cependant le commerce a des besoins qui ne trouvant pas satisfaction, le font se plaindre avec vivacité à la Chambre de l'état actuel des choses et font songer sérieusement quelques personnes à y chercher remède par la formation d'un syndicat qui solliciterait de l'Administration supérieure l'exploitation d'un magasin général. Le projet est sérieux, car l'entreprise est considérée comme devant être lucrative.

Ainsi tout semble commander à la ville, si elle veut s'assurer des avantages qu'elle attend de ses entrepôts, de les agrandir, de les compléter.

Au centre de la région où se cultive la betterave, Douai doit devenir, doit rester le principal marché de sucres du Nord et des départements voisins. Une meilleure installation de ses entrepôts lui conservera seule cette prééminence.

Une amélioration d'une autre nature, mais fort importante également, est désirée par le commerce dans les conditions du magasinage.

Aujourd'hui, c'est aux propriétaires de marchandises entreposées qu'incombe le soin de les faire assurer. Or, les polices se faisant pour une période souvent plus longue que le séjour des marchandises à l'entrepôt, il en résulte pour ces propriétaires une dépense en pure perte.

Cette dépense dont profitent seules les Compagnies, serait épargnée si l'entrepôt de Douai, comme ceux de bien d'autres villes, prenait à sa charge les assurances, sauf à se couvrir par l'établissement d'une taxe variable avec la nature des marchandises calculée par cent kil. et par jour de magasinage.

La Chambre, Monsieur le Maire, a l'honneur de recommander à votre sollicitude l'examen et la réalisation des vœux qui précèdent. Elle se devait de s'en faire près de vous l'organe.

Veuillez agréer, je vous prie, Monsieur le Maire, l'expression de mes sentiments les plus distingués.

Le Président de la Chambre de Commerce,
C. Giroud.

Douai, le 11 juin 1874.

Le Maire de la ville de Douai à M. le Président de la Chambre de Commerce.

Monsieur le Président,

J'ai reçu la lettre que vous avez bien voulu m'adresser, le 26 mai dernier, au sujet de la nécessité d'établir de nouveaux magasins à l'entrepôt. Je suis heureux de vous informer aujourd'hui qu'une Commission spéciale a été chargée par le Conseil municipal de l'examen de cette question, qui est aussi, de notre part, l'objet de la plus vive sollicitude.

Veuillez agréer, je vous prie, Monsieur le Président, l'assurance de ma considération très-distinguée.

Vasse aîné.

SUCCURSALE DE LA BANQUE DE FRANCE.

Extrait du procès-verbal de la séance du 19 février 1874.

Dans sa séance du 4 décembre 1873, la Chambre, ayant reconnu l'opportunité d'introduire de nouveau la demande de création d'une succursale de la Banque de France à Douai, avait chargé une Commission de préparer un rapport à l'appui de cette demande.

M. Hanotte, rapporteur de cette Commission, donne communication de de ce document.

Douai, le 23 février 1874.

A Monsieur le Ministre de l'Agriculture et du Commerce.

Monsieur le Ministre,

La Chambre de Commerce de Douai, se faisant l'interprète des industriels et négociants de son ressort, a l'honneur de vous exprimer leur vœu tendant à la création d'une succursale de la Banque de France à Douai.

Depuis 1865, le Conseil d'arrondissement et le Conseil Général, reconnaissant le développement toujours croissant de notre circonscription, n'ont cessé, à chacune de leurs sessions annuelles, de renouveler cette demande.

Aujourd'hui que l'arrondissement de Douai acquiert incessamment plus d'importance par la création de nombreuses entreprises industrielles, par son entrepôt de sucre indigène, le plus considérable de la France après celui de Paris, par son marché de grains et céréales, où se traitent beaucoup d'affaires, et par l'extension croissante des relations commerciales, la Chambre croit qu'il est de son devoir de vous prier de vouloir bien aider à la réalisation du vœu de ces deux assemblées.

Douai a ouvert aussi un magasin général. — Il n'est pas de ville possédant des entrepôts et des magasins généraux qui n'ait une succursale de la Banque de France; ces établissements seuls suffisent à en couvrir les frais.

Les banquiers, négociants et industriels de notre ressort, lorsqu'ils veulent utiliser les services de la Banque de France, sont obligés d'effectuer leurs paiements à Lille ou à Valenciennes, où de faire venir de ces villes, les fonds qui leur sont nécessaires. Il en résulte pour eux beaucoup de perte de temps, d'intérêts, de frais de voyage, de commissions et une surcharge dans les conditions d'escompte. De plus, les banquiers de la ville sont tenus d'avoir en réserve des capitaux improductifs dont ils pourraient se passer, si une succursale de la Banque de France existait à Douai.

Les effets sur Douai échappent aussi aujourd'hui à l'action de la Banque de France; leur escompte viendrait augmenter l'ensemble des bénéfices des autres succursales et de l'établissement central; et en admettant qu'ils ne fussent que trente jours en moyenne dans le portefeuille de la Banque, ils fourniraient une masse d'escompte plus que suffisante pour couvrir les frais de la succursale.

Le chiffre total des affaires de banque dans l'arrondissement de Douai a été, pour l'année 1873, de cinq cent millions de francs. Ce chiffre est très-élevé.

Nous avons l'honneur, Monsieur le Ministre, de vous donner, ci-dessous, la nomenclature des principales industries de notre circonscription, avec leur production en 1873.

Meuneries, 400,000 quintaux métriques, à 45 fr.		18,000,000 00
Sucreries, 25,000,000 kilos sucre à 60 c.	15,000,000 00	16,800,000 00
— 12,000,000 k. mélasse à 15 fr. %	1,800,000 00	
Raffin^es de sucre, 16,000,000 k. à fr. 120 %	19,200,000 00	20,000,000 00
Mélasses	800,000 00	
Ateliers de construction et fonderies.		7,000,000 00
Mines de houille. Aniche. 621,235 tonnes	903,625 ton^es.	19,880,000 00
— Escarpelle. 245,648 —		
— Azincourt. 36,769 —		
Verreries		9,500,000 00
A reporter.		91,180,000 00

Report.	91,180,000 00
Glaces	1,000,000 00
Filatures et travail du lin, ensemble.	8,000,000 00
Brasseries	5,000,000 00
Distilleries, 29,000 hect. à 60 fr.	1,740,000 00
Fabriques d'huile, 60,000 hect. à fr. 90. Tourteaux, etc. . .	5,400,000 00
— de pétrole, 28,000 hect.	2,500,000 00
Produits chimiques. — Potasses. — Savons, etc.	5,000,000 00
Fabriques de toiles, ouates, sacs à sucre, etc.	4,000,000 00
— de noir animal.	1,000,000 00
Industrie des cuirs, tanneries, corroieries.	4,000,000 00
Fabrication de briques, chaux, tuiles, etc.	5,000,000 00
Industries diverses	17,000,000 00
Zinc	3,000,000 00
Laines. — Peignage, etc.	5,000,000 00
Total. . . .	158,820,000 00

Si on ajoute à cette somme la valeur des produits agricoles de l'arrondissement, ainsi que celle de tout ce qui est du domaine du commerce général et des objets de consommations diverses que l'arrondissement détaille hors de son territoire, nous arriverons à un chiffre de plus de deux cent vingt millions de francs.

La Chambre espère, Monsieur le Ministre, que ces chiffres seront assez éloquents pour qu'une solution favorable puisse être enfin donnée à une question intéressant à un si haut point le commerce et l'industrie de notre arrondissement.

Veuillez agréer, je vous prie, Monsieur le Ministre, l'assurance de mes sentiments respectueux.

Le Rapporteur,
V. HANOTTE.

La Chambre, après en avoir délibéré, adopte ce rapport et décide qu'il sera envoyé à M. le Ministre de l'Agriculture et du Commerce.

Paris, le 6 mai 1874.

A Monsieur le Président de la Chambre de Commerce de Douai.

Monsieur,

M. le Ministre des finances vient de me faire part de la réponse du Gouverneur de la Banque de France à la communication qui lui avait été donnée du vœu de votre Chambre, tendant à ce qu'une succursale soit établie à Douai.

M. le Gouverneur considère que, lorsque la Banque aura rempli l'obligation que lui impose la loi du 9 juin 1857 de créer une succursale dans chaque département non doté, les vœux émis par la Chambre de Commerce de Douai pourront être sérieusement examinés; jusque là, le Conseil de la Banque ne saurait être utilement saisi de la proposition de création d'une succursale dans une ville faisant partie d'un département qui en possède déjà quatre, et au moment surtout où la loi du 29 janvier 1873 est venue réglementer les délais accordés à la Banque pour satisfaire à la loi précitée. La nouvelle délibération de la Chambre de Douai est jointe aux documents que l'Administration de la Banque de France a déjà reçus de cette Chambre.

Je vous prie de porter ce qui précède à la connaissance de la Chambre de Commerce.

Recevez, Monsieur, l'assurance de ma considération très-distinguée.

Le Ministre de l'Agriculture et du Commerce,

A. Deseilligny.

ETABLISSEMENT DES TYPES OFFICIELS.

La Chambre de Commerce de Douai demande à être

admise à se faire représenter dans la Commission des types.

Douai, le 10 février 1874.

A Monsieur le Ministre de l'Agriculture et du Commerce, à Paris.

Monsieur le Ministre,

La place de Douai, grâce à sa position centrale dans le pays producteur du sucre de betterave, grâce aux chemins de fer, aux canaux qui la desservent, est devenue pour cette denrée le principal marché et son entrepôt le plus important de la région-Nord.

Il semble que cette situation qui fait de la Chambre de Commerce de Douai l'organe nécessaire d'un groupe nombreux de fabricants de sucre, doit lui donner quelque droit à intervenir par un délégué dans l'établissement annuel à Paris des types officiels.

La Chambre serait heureuse, Monsieur le Ministre, que vous en jugiez ainsi et, dans cette prévision, j'ai l'honneur de vous demander en son nom qu'il vous plaise la comprendre dès cette année au nombre de celles qui se font représenter dans la Commission des types.

Veuillez agréer, Monsieur le Ministre, etc.

Le Président,
C. Giroud.

Versailles, le 17 mars 1874.

A Monsieur le Président de la Chambre de Commerce de Douai.

Monsieur,

J'ai reçu la lettre que vous m'avez fait l'honneur de m'écrire au sujet des types des sucres français et exotiques. Vous faites valoir que la place de Douai est devenue le centre d'un grand marché de sucre et l'entrepôt le plus important de la région-Nord et vous demandez que votre Chambre de Commerce soit comprise au nombre de celles qui envoient des délégués à Paris pour la formation de ces types.

Je reconnais l'importance de la fabrication sucrière dans la circonscription de la Chambre de Commerce de Douai et je serais heureux de pouvoir déférer au désir de la Chambre ; mais la loi du 13 juin 1866 sur les usages commerciaux désigne nominativement les Chambres de Commerce qui doivent être appelées chaque année à participer, par l'envoi de délégués, à la confection des types de sucres bruts exotiques et des sucres de betterave. Cette désignation est limitative et il n'est pas en mon pouvoir de l'étendre par l'adjonction de représentants d'autres places.

Je ne puis dès lors que vous exprimer mes regrets. Je recevrai d'ailleurs avec intérêt les communications que vous croiriez devoir me faire en ce qui touche les types qui ont été adoptés, si quelques-uns de ces types vous semblaient de nature à soulever des observations.

Recevez, Monsieur, l'assurance de ma considération très distinguée.

Le Ministre de l'Agriculture et du Commerce,

A. Deseilligny.

AVIS SUR LA TRANSFORMATION

de la Chambre consultative de Cambrai en Chambre de commerce.

Extrait du procès-verbal de la séance du 15 janvier 1874.

M. le Président donne lecture à la Chambre de la lettre ci-après de M. le Préfet du Nord.

Douai, le 6 janvier 1874.

A Monsieur le Président de la Chambre de Commerce de Douai.

Monsieur le Président,

J'ai l'honneur de vous envoyer ci-après copie d'une lettre que j'ai reçue ce matin de Monsieur le Préfet du Nord.

Lille, le 5 janvier 1874.

Monsieur le Sous-Préfet,

« Le Conseil d'Etat, appelé à délibérer sur le projet de décret relatif à
» la transformation de la Chambre consultative de Cambrai en Chambre
» de Commerce, a émis l'avis qu'il y avait lieu, avant de statuer définitive-
» ment, de procéder à une instruction complémentaire de l'affaire.

» Le Conseil, entre autres considérants, dit :

« En admettant même que l'arrondissement de Cambrai pût être séparé
» de la Chambre de Commerce de Lille à raison de son éloignement et de
» son isolement, il y aurait lieu d'examiner s'il ne serait pas convenable
» de le réunir à la Chambre de Douai ou à celle de Valenciennes. »

» Pour apprécier cette convenance, il serait nécessaire d'avoir des ren-
» seignements complets sur le commerce et les industries qui sont exercés
» dans ces deux arrondissements.

» J'ai l'honneur de vous prier, Monsieur le Sous-Préfet, de vouloir bien,
» en soumettant cette question à la Chambre de Commerce de Douai, lui
» demander les renseignements réclamés par M. le Ministre en ce qui
» concerne son ressort.

» Je vous serai obligé de me les transmettre avec vos observations
» personnelles.

» Agréez, etc.

» *Pour le Conseiller d'Etat, Préfet du Nord,*
» *Le Secrétaire-Général délégué,*
» Signé : RIANCOURT. »

Je vous serai très-reconnaissant de vouloir bien soumettre la question à la Chambre de Commerce dans sa plus prochaine réunion et me transmettre le rapport contenant tous les renseignements demandés. En ce qui me concerne, je m'empresse de vous déclarer qu'il me semble désirable que la Chambre consultative de Cambrai, séparée de la Chambre de

Commerce de Lille, soit réunie à celle de Douai, afin que cette dernière acquière une plus grande importance.

Veuillez agréer, Monsieur le Président, l'assurance de ma très-haute considération.

Le Sous-Préfet,
CHARLES MENTION.

Après cette lecture, la Chambre adopte le projet de délibération suivant qu'elle prie son Président de vouloir bien faire parvenir tout de suite à M. le Conseiller d'Etat, Préfet du Nord.

M. le Président donne communication à la Chambre d'une lettre de M. le Préfet du Nord, lui demandant son avis sur la transformation de la Chambre consultative des Arts et manufactures de Cambrai en Chambre de Commerce, dont l'arrondissement de cette ville formerait la circonscription.

Subsidiairement, sur la réunion de cet arrondissement soit au ressort de la Chambre de Douai, soit à celui de la Chambre de Valenciennes.

Après examen, la Chambre de Commerce de Douai estime que la demande de l'arrondissement de Cambrai s'appuie sur des considérations très-sérieuses, principalement celles de son isolement et de son éloignement du siége de la Chambre de Commerce dont il ressortit.

Cette situation ne peut être maintenue sans préjudicier aux intérêts industriels et commerciaux de ce riche arrondissement. Le Conseil d'Etat consulté à ce sujet semble le reconnaître ainsi. Cependant, avant de statuer, il propose d'examiner si satisfaction suffisante ne serait pas donnée aux intérêts qui réclament, par la réunion de l'arrondissement de Cambrai à la circonscription de la Chambre de Commerce de Douai ou à celle de la Chambre de Commerce de Valenciennes.

En principe, il ne convient pas de trop multiplier les Chambres de Commerce. Ces corps, en effet, empruntent principalement leur autorité de l'importance des intérêts qu'ils représentent et du personnel dans lequel ils peuvent se recruter. Leur ressort ne doit donc pas être trop restreint et cette règle ne peut céder que devant une nécessité supérieure, celle de donner un organe propre, spécial à chacun des groupes de la région ayant des intérêts différents ou autres.

C'est peut-être le cas pour le populeux, riche et industrieux arrondissement de Cambrai, où la fabrication et le blanchiment des toiles de lin emploient des capitaux considérables et occupent beaucoup de bras.

Que si l'Administration supérieure, en jugeant autrement, se refusait à accueillir sa demande, la Chambre proposerait de le réunir à son ressort plutôt qu'à celui de Valenciennes.

Tout conseillerait cette préférence :

Des communications que va rendre très-faciles l'établissement prochain d'un chemin de fer direct entre les chefs-lieux des deux arrondissements ; des rapports nombreux d'affaires ; enfin, l'importance judiciaire et universitaire de Douai, siége de la Cour d'appel et chef-lieu de l'Académie.

En résumé :

La Chambre est d'avis :

1° Qu'une Chambre de Commerce soit créée à Cambrai, en remplacement de la Chambre consultative des arts et manufactures de cette ville.

2° Qu'au cas du maintien de cette dernière, l'arrondissement de Cambrai soit distrait du ressort de la Chambre de Commerce de Lille pour faire partie de celui de la Chambre de Commerce de Douai.

Douai, le 20 janvier 1874.

A Monsieur le Sous-Préfet de l'arrondissement de Douai.

Monsieur le Sous-Préfet,

J'ai l'honneur de vous adresser inclus, l'avis de la Chambre de Commerce de Douai, demandé par votre lettre du 6, sur la création d'une Chambre de Commerce à Cambrai, sinon sur la réunion de l'arrondissement de ce nom au ressort de l'une des Chambres voisines, de Douai ou de Valenciennes.

J'y joins un tableau indicatif des principaux établissements industriels de notre arrondissement.

Veuillez agréer, Monsieur le Sous-Préfet, l'expression de mes sentiments les plus distingués.

Le Président de la Chambre de Commerce,
C. Giroud.

ÉTAT DES PRINCIPALES INDUSTRIES
DE L'ARRONDISSEMENT DE DOUAI.

Raffineries.	Fabriques de sucre.	Mines de houille.	Fonderies.	Verreries à vitre. Glacerie.	Usine métallurgie.	Distilleries d'alcool.	Raffineries de pétrole.	Fabriques d'huiles.	Filatures.	Ateliers de construction.	Peignage de lin.	Verreries à bouteilles.	Savonneries.	Fabrique de tulle.	Chapellerie.	Amidonneries.	Tanneries.	Corroieries.	Brasseries.
3	34	3 6 puits	3	8	Compagnie royale Asturienne.	3	1	7	5	5	4	4	5	1	1	2	5	8	70

TROISIÈME PARTIE

CHEMIN DE FER. — NAVIGATION.

CHEMIN DE FER DE CAMBRAI A ORCHIES.

Extrait du procès-verbal de la séance du 2 *mars* 1874.

En suite d'une délibération prise par la Chambre de Commerce dans cette séance, le mémoire suivant préparé par un de ses membres, M. Billet, a été adressé 1° à M. le Ministre des Travaux publics ; 2° à M. le Président de la Commission des Chemins de fer.

Messieurs,

La ligne de chemin de fer de Cambrai à Orchies, comprise dans le réseau départemental décidé en 1869 par le Conseil Général du Nord, a été, en 1871, concédée à la Compagnie de Picardie et Flandre, sur le refus de la Compagnie du Nord, qui a été l'objet constant des préférences du Conseil Général.

Vous savez les difficultés et les entraves qui, soulevées ou suscitées par la Compagnie du Nord, sont venues, depuis cette époque, s'opposer à la réalisation de la décision du Conseil Général et des vœux si pressants et si légitimes de notre arrondissement.

En avril 1873, le Conseil d'État décidait que la ligne qui préoccupait depuis si longtemps l'Assemblée départementale, avait un caractère d'intérêt général, et, à ce titre, n'avait pu être valablement concédée par cette Assemblée.

Mais, en même temps, le Conseil d'État reconnaissait l'incontestable utilité de cette ligne, et concluait à la nécessité de la concéder à titre de ligne d'intérêt général.

Oubliant ses refus antérieurs, la Compagnie du Nord se mit sur les rangs pour obtenir cette concession et supplanter ainsi la Compagnie de Picardie et Flandre, malgré ses droits acquis et malgré les engagements formels pris à son égard par l'Assemblée départementale.

Une convention fut projetée à ce sujet entre la Compagnie du Nord et le Ministre des Travaux publics; mais, grâce aux protestations du Conseil Général, aux démarches actives des délégués de ce Conseil et de la députation du Nord, le Gouvernement, respectant ainsi, quant au choix des personnes, l'engagement pris par notre Conseil Général, a substitué à cette convention celle qu'il a signée récemment avec la Compagnie de Picardie et Flandre, et en raison de laquelle un projet de loi, présenté à l'Assemblée Nationale, se trouve maintenant soumis à l'examen de la Commission des chemins de fer.

Les choses arrivées à ce point, après tant de traverses, nous permettaient de considérer comme définitivement résolue une question d'un intérêt si capital pour notre arrondissement. Rien ne fait présumer qu'il en doive être autrement. Toutefois, un amendement à ce projet, émanant de députés des départements du Pas-de-Calais et de la Somme, vient d'être présenté à l'Assemblée Nationale, par lequel ils demandent, sans parler du chemin de Douai à Orchies, que le chemin de Cambrai à Douai soit donné à la Compagnie du Nord.

La Chambre de Commerce de Douai a le devoir de réclamer contre cet amendement. Cette intervention des départements voisins dans une question qui paraît exclusivement intéresser les populations du Nord, est faite pour étonner; mais le motif de cette intervention est plus étonnant encore qu'une absence complète de motif.

Il est celui-ci :

La Compagnie du Nord doit construire, dans un certain délai, une ligne dans les départements de la Somme et du Pas-de-Calais. — Elle a promis d'abréger ces délais, si la concession de la ligne de Cambrai à Orchies lui est accordée.

Ainsi, la Compagnie du Nord dit aux départements de la Somme et du Pas-de-Calais :

« Si j'obtiens dans un département voisin une ligne de chemin de fer à » laquelle vous êtes complètement étrangers, mais qui m'est agréable, je » m'engage à faire plus rapidement dans votre département la ligne qui » vous intéresse. »

C'est ainsi que MM. les députés des départements de la Somme et du Pas-de-Calais ont déposé un amendement contre les intérêts du Nord, bien que ces intérêts ne les touchent que par un mécanisme absolument nouveau et inconnu jusqu'à présent.

La Chambre de Commerce de Douai, sans s'arrêter à protester contre un si étrange système de compensation, sans faire remarquer les singuliers moyens auxquels la Compagnie du Nord a recours pour déposséder ses concurrents, doit, cependant, se prononcer contre un amendement qui tend à léser ses intérêts.

A cet égard, elle n'a pas à prendre parti pour le Conseil Général du Nord, dont la signature doit être respectée, ni à défendre les intérêts de la Compagnie de Picardie et Flandre contre ce qui serait un véritable déni de justice.

Mais, se plaçant au point de vue étroit des intérêts de son arrondissement, elle doit réclamer le maintien aux mains qui la détiennent de la concession du chemin de fer de Cambrai à Orchies.

En effet, notre arrondissement veut son chemin de fer ; il le veut promptement.

Le moyen de l'obtenir, c'est de le concéder à la Compagnie de Picardie et Flandre. — Le donner à la Compagnie du Nord, ce serait le moyen de ne l'avoir jamais. — Nous en avons pour garant ce qui se passe pour d'autres concessions qui attendent depuis des années le premier coup de pioche. Nous en avons pour garants les intérêts respectifs de ces deux Compagnies.

L'intérêt de la Compagnie de Picardie et Flandre est de construire la ligne qu'elle a demandée dans ce but, qu'elle peut exploiter fructueusement, et qui, de plus, doit mettre en valeur le tronçon déjà construit.

L'intérêt de la Compagnie du Nord est de ne pas construire la ligne qu'elle ne demande pour elle qu'afin qu'elle ne soit pas construite par une autre Compagnie.

Si la Compagnie de Picardie et Flandre est maintenue dans sa concession, nous aurons notre ligne en deux ans ; si la Compagnie du Nord lui est substituée, nous ne l'aurons jamais. Car, c'est dans l'intérêt même des Compagnies, en l'absence de tout moyen coërcitif, que réside réellement la garantie de l'exécution. Elle est illusoire partout ailleurs.

La convention projetée entre la Compagnie du Nord et le Ministre des Travaux Publics, à laquelle le Gouvernement a substitué celle qu'il a signée avec la Compagnie de Picardie et Flandre, ne parle pas des embranchements de Somain, Aniche et Abscon. On prétend qu'un contre projet doit être déposé par les députés du Pas-de-Calais ; mais jusqu'à présent la Compagnie du Nord s'est bornée à réclamer les lignes de Douai à Cambrai et de Cambrai à la frontière. Il y a dans ce fait un élément considérable de protestation pour la Chambre de Commerce de Douai.

Le bassin houiller d'Aniche et de Douai est destiné à fournir à l'alimentation des 52 usines qui se trouvent sur le parcours de la ligne de Picardie et Flandre de Cambrai à St.-Just, en même temps qu'à pourvoir aux besoins de la consommation privée. En partant de Douai, d'Aniche, de Somain, la Compagnie portera directement ses charbons à la consommation sans augmenter le prix de son trafic des droits de passage sur une autre ligne, et aussi des frais très-élevés de la gare commune. Au lieu de régler son service suivant les besoins de son exploitation, elle devrait, si la Compagnie du Nord triomphait, le subordonner aux convenances de service de la Compagnie du Nord.

Dans la crise houillère que nous venons de traverser, l'insuffisance des moyens de transport a porté un grand préjudice à l'industrie et a donné lieu, dans le bassin d'Aniche, à des plaintes légitimes. En ratifiant en faveur de la Compagnie de Picardie et Flandre les concessions qui lui ont été faites par le département, on n'exposera plus ces centres industriels à de cruels mécomptes.

C'est au nom de la production et de la consommation que la Chambre de Commerce doit insister pour maintenir les droits de la Compagnie de Picardie et Flandre. L'abréviation du parcours entre Douai et Cambrai au point de vue des voyageurs est aussi d'une importance très-grande ; les avantages en sont d'autant plus appréciables pour les deux villes que la gare actuelle se trouve à 1,600 mètres de Cambrai et que celle qui est projetée, d'accord entre les villes et les Compagnies, sera établie à côté de la porte principale, sur les glacis.

CONCLUSION :

J'ai l'honneur de proposer à la Chambre de Commerce de Douai d'adresser à M. le Président de la Commission des Chemins de fer une protestation contre la demande formulée par la délibération de la Chambre de Commerce d'Abbeville.

Le Rapporteur,
Alfred BILLET.

Après en avoir délibéré, la Chambre de Commerce, adoptant les considérations et les conclusions de ce rapport, décide qu'il sera adressé à M. le Ministre des Travaux Publics et à M. le Président de la Commission des Chemins de fer. Elle demande que l'Assemblée Nationale, sans s'arrêter à l'amendement présenté par MM. les députés de la Somme et du Pas-de-Calais, accepte le projet de loi présenté par le Gouvernement, et que en conséquence, la concession de la ligne de Cambrai à Orchies, avec embranchement à Aubigny-au-Bac sur Aniche et Somain, soit accordée à la Compagnie de Picardie et Flandre.

CHEMINS DE FER : FRAIS. ACCESSOIRES.

Extrait du procès-verbal de la séance du 19 *novembre* 1874.

M. le Président appelle l'attention de ses collègues sur la lettre ci-après que lui a adressée, le 16 de ce mois, M. Feray, député d'Essonnes

(Seine-et-Oise), et Vice-Président de la Commission parlementaire des chemins de fer, relative aux propositions des grandes Compagnies, pour la fixation de leurs frais accessoires pendant l'année 1875. Ces propositions, qui viennent d'être transmises par M. le Ministre des Travaux Publics à la Chambre de Commerce de Paris, présenteraient de notables augmentations sur le tarif actuel.

Essonnes, (Seine-et-Oise), 16 novembre 1874.

Monsieur le Président,

Il y a peu de jours, j'ai eu connaissance que M. le Ministre des Travaux Publics avait, le 27 octobre 1874, transmis à la Chambre de Commerce de Paris les propositions des grandes Compagnies de Chemin de fer pour la fixation de leurs frais accessoires pendant l'année 1875. Les propositions des Compagnies présentent de notables augmentations sur le tarif actuel, comme vous le verrez plus loin.

J'ai su que, par sa délibération du 4 novembre 1874, la Chambre de Commerce de Paris avait émis un avis tout-à-fait défavorable aux demandes des Compagnies.

A la fin de 1873, les Compagnies avaient déjà formé une demande de ce genre; mais cette demande n'avait pas été accueillie par M. de Larcy, alors Ministre des Travaux Publics. La Commission parlementaire des Chemins de fer dont j'ai l'honneur d'être Vice-Président, avait prévenu M. de Larcy qu'elle était défavorable à la demande des Compagnies.

En présence de ce qui se passait à la Chambre de Commerce de Paris, vu l'importance de la question pour le commerce et l'industrie, étant membre de la Commission de permanence, j'ai cru de mon devoir de demander, dans la séance du 12 novembre, à M. le Ministre des Travaux Publics, quelles étaient ses intentions relativement aux demandes des Compagnies de Chemin de fer.

Vous aurez vu dans les journaux un résumé plus ou moins exact de mes questions et des réponses du Ministre.

En somme, M. le Ministre a déclaré que les demandes des Compagnies lui paraissaient fondées en raison de l'augmentation de la main-d'œuvre, que la question était encore à l'étude, qu'il n'avait pas encore pris de décision, que la décision à prendre était de son ressort; que d'ailleurs l'Assemblée Nationale était juge souveraine, et que si elle désapprouvait l'arrêté d'après lequel, lui, Ministre, fixerait les frais accessoires des Compagnies pour 1875, elle serait maîtresse d'empêcher cet arrêté de recevoir son exécution.

L'Assemblée Nationale ne peut avoir d'avis qu'en connaissant l'opinion du commerce et de l'industrie.

C'est pourquoi, Monsieur, je viens vous demander de consulter le plus tôt possible la Chambre que vous présidez, et de transmettre sa délibération à M. le Ministre du Commerce, en en adressant une copie à M. Raudot, Président de la Commission des Chemins de fer, à l'Assemblée Nationale, Versailles, de manière que cette pièce parvienne à Versailles, le 1er ou 2 décembre.

Pour que votre Chambre puisse se former une opinion, voici les principales demandes des Compagnies.

Frais d'Enregistrement : Porter les frais d'enregistrement de 10 à 15 centimes par tonne, pour expédition par petite vitesse.

Frais de chargement et de déchargement et frais de gare, petite vitesse.

Porter ces frais de 1,50 à 1,80 par tonne; et de 1 franc à 1,30 par tonne, par wagon complet.

Grande vitesse : Porter ces frais de 1,75 à 2 francs.

Transmission d'une ligne à une autre : Porter les frais de transmission de 40 à 60 centimes par tonne.

Droit de pesage : Porter ces droits de 10 à 15 centimes par fraction indivisible de 100 k. et de 30 à 40 centimes par tonne pour wagon complet.

Droit de dépôt : Porter le droit de dépôt de bagage de 5 à 10 centimes par colis.

Frais de magasinage : Rétablir le délai de 48 heures en maintenant l'arrêté de 1872, qui a porté les frais de 2 à 5 centimes par jour par fraction indivisible de 100 k. pour les trois premiers jours et de 5 à 10 centimes pour les jours suivants.

Vous comprenez, Monsieur, quelle charge énorme ces modifications apporteraient dans le prix du transport pour des expéditions à petite distance.

Déjà, en décembre 1873, lorsque la Chambre de Commerce de Paris avait été consultée, elle avait entendu les directeurs des grandes Compagnies et elle écrivait au Ministre, le 27 décembre 1873, que ces directeurs n'avaient pu produire, à l'appui de leurs demandes, aucun document établissant d'une manière péremptoire le bien fondé de leurs prétentions ; qu'elle ne pouvait donc émettre un avis favorable à leur sujet.

Recevez, M. le Président, l'assurance de ma considération distinguée.

Le Vice-Président de la Commission parlementaire des Chemins de fer,
E. Feray.

M. le Président ajoutant aux données fournies par M. Feray celles qu'il a pu, d'après les tarifs actuels, établir de son côté, partage entièrement les vues de l'honorable député d'Essonnes dans cette question.

La Chambre approuvant ces idées, décide qu'elle est déterminée à s'associer à la résistance que la Commission parlementaire semble vouloir opposer aux prétentions des Compagnies de chemins de fer, afin de ne pas voir s'augmenter encore de ce côté les charges qui pèsent déjà si lourdement sur le commerce et l'industrie. S'inspirant de ces résolutions, la Chambre prie M. le Président de vouloir bien les faire connaître à qui de droit.

Extrait du procès-verbal de la séance du 10 *décembre* 1874.

M. le Président donne lecture de l'avis motivé qu'il propose à la Chambre de Commerce de Douai d'émettre sur les frais accessoires demandés par les grandes Compagnies de Chemins de fer pour 1875.

Douai, le 1er décembre 1874.

Le Président de la Chambre de Commerce de Douai à Monsieur le Ministre de l'Agriculture et du Commerce à Paris.

Monsieur le Ministre,

La Chambre de Commerce de Douai, officieusement informée par une lettre circulaire de l'honorable M. E. Feray, Vice-Président de la Commission parlementaire des Chemins de fer, de la demande des Compagnies tendant à l'augmentation, pour 1875, des taxes dites *frais accessoires*, a cru devoir, dans sa séance du 19 novembre 1874, se livrer à une étude sérieuse de cette question d'un intérêt considérable pour ses commettants.

J'ai l'honneur, Monsieur le Ministre, de vous en faire connaître le résultat.

Les frais accessoires, dont s'agit, ne sont point inscrits dans les cahiers des charges comme les tarifs généraux établis pour l'exploitation.

Enoncés ou énumérés pour la première fois officiellement dans l'article 47 de l'Ordonnance royale du 15 novembre 1846 sur les Chemins de fer, ces frais y sont déclarés susceptibles de révision chaque année. Les Compagnies sont donc fondées en droit à demander aujourd'hui des taxes plus élevées que celles en vigueur généralement depuis l'arrêté ministériel du 30 avril 1862.

Toutefois, les circonstances les y autorisent-elles?

Pour justifier leurs prétentions, ces Compagnies arguent de l'augmentation qui s'est faite dans les salaires pendant ces dernières années. Cette augmentation dont la Chambre n'a pas à étudier ici les causes, ni à examiner les bons ou mauvais résultats, est un fait incontestable : il s'est accusé dans tous les ateliers, aux champs comme à la ville. Cependant, il n'a pas eu généralement pour conséquence une hausse correspondante dans le prix des produits, attendu que dans toutes les industries le producteur s'est attaché à conjurer la perte qu'il en aurait éprouvée par une meilleure organisation de ses ateliers, par le perfectionnement de son outillage, enfin par un accroissement de sa production.

Ces améliorations diverses sont devenues, en raison des circonstances, des nécessités qui s'imposent aux Compagnies de Chemins de fer comme à tous les industriels.

Les ont-elles réalisées dans leurs gares ?

La Chambre ne veut pas l'examiner ; elle se borne à dire que l'accroissement considérable et progressif du trafic dans ces dernières années doit suffire, avec une bonne organisation du travail, pour maintenir à peu près constante la dépense par tonne faite pour les services dont s'agit.

Dans tous les cas, la Chambre estime que c'est aux Compagnies, non à leurs clients industriels ou commerçants qui plient sous le faix d'impots de toute nature, qui viennent même d'être atteints par celui de cinq pour cent sur les transports, à pourvoir aux nécessités de la situation.

L'argument tiré de l'obligation consentie par l'Etat de garantir, pour quelques lignes, le paiement des intérêts du capital engagé dans leur construction, n'arrête point la Chambre.

Si le trésor est intéressé à ce que les recettes des Compagnies leur permettent de pourvoir à toutes leurs charges, elles le sont beaucoup plus encore elles-mêmes. Aussi y a-t-il lieu de compter sur leurs efforts pour y parvenir.

D'ailleurs, la garantie de l'Etat étant une charge publique, c'est au public tout entier à la supporter et non point seulement au commerce et à l'industrie, comme il arriverait en fait par l'aggravation des frais accessoires.

Il y a là des considérations d'équité et de justice distributive qui ne peuvent être méconnues.

A ces observations générales, la Chambre ajoute les suivantes sur quelques-uns des *frais accessoires*.

Les Compagnies proposent à l'Administration :

1° De porter les frais d'enregistrement pour la petite vitesse de 10 à 15 cent.

De ce chef, il y aurait pour le commerce et l'industrie qui usent presque exclusivement de la petite vitesse, un accroissement de frais de 50 %, soit d'environ un million, étant admis que les Compagnies ont perçu en 1873, 1,962,300 fr. 30 cent.

Ce serait le commerce de détail, celui qui expédie le plus de petits colis, qui aurait plus particulièrement à souffrir de cette aggravation.

2° De porter les frais de chargement et de déchargement, les frais de gare par tonne, savoir :

Pour la petite vitesse, sans condition de tonnage, de 1 fr. 50 à 1 fr. 80
par wagon complet, de 1 fr. à 1 fr. 30

Et pour la grande vitesse, de 1 fr. 75 à 2 fr.

Ces frais, comme les précédents, étant perçus uniformément pour tous les parcours kilométriques, manquent de proportionnalité avec l'importance des services fournis par les Compagnies. Leur aggravation serait particulièrement lourde pour les petits parcours. Cette considération devrait suffire pour la faire rejeter.

L'augmentation demandée pour la grande vitesse de 1 fr. 75 à 2 fr. est considérable ; elle n'est pas, d'ailleurs, suffisamment justifiée par les soins plus grands, plus minutieux que comportent en général la nature et la valeur commerciales des colis ainsi transportés.

3° De porter les frais de transmission d'une Compagnie à une autre de 40 cent. à 60 cent. par tonne.

Cette augmentation de 50 % ne semble en rien motivée, les rapports des Compagnies dans les gares communes n'ayant pu que devenir plus faciles par une pratique déjà ancienne.

La Chambre, considérant, d'ailleurs, que les frais de cette nature devront se multiplier à mesure que les nouvelles lignes projetées des petites Compagnies se souderont aux anciennes, estime qu'il ne convient pas de les rendre plus onéreux encore par l'aggravation de taxe demandée.

4° De porter le pesage réclamé de 10 à 15 cent. par 100 kilos.
de 30 à 40 par tonne pour wagon complet.

5° De porter le dépôt de bagages de 5 à 10 cent. par colis.

La Chambre n'a aucune objection à présenter contre les deux augmentations ci-dessus (N°s 4 et 5).

Les taxes dont s'agit sont la rémunération de services particuliers que le public doit pouvoir sans doute réclamer aux Compagnies, mais qui ne lui sont pas essentiellement nécessaires ; ils sont d'un intérêt exclusivement personnel.

6° De rétablir pour le magasinage le délai de 48 heures en maintenant l'arrêté de 1872 qui porte les frais de 2 à 5 cent. par jour par fraction indivisible de 100 kilog. pour les trois premiers jours, et de 5 à 10 cent. pour les jours suivants.

Il n'est accordé aujourd'hui qu'un délai de 24 heures pour l'enlèvement des marchandises. Ce délai, dans la période des jours courts particulièrement est insuffisant. La Chambre demande que sur ce point, comme pour la taxe, on revienne au régime antérieur au 12 janvier 1872, savoir :

Délai d'enlèvement, 48 heures.

Frais, 2 cent. pour les trois premiers jours suivants, 5 cent. pour les autres.

La Chambre comprendrait à la rigueur qu'une taxe plus forte, soit de 7 cent., fût fixée en manière d'amende. Pour ces derniers, il faut, en effet, armer les Compagnies contre des négligences ou une incurie susceptibles de gêner leurs services. Mais, d'un autre côté, une taxe doit rester proportionnée au service qu'elle paie ; à ce point de vue, celle de 2 cent. pour les trois premiers jours paraît suffisante.

7° Des considérations semblables déterminent la Chambre à proposer que le droit de stationnement des wagons soit ramené de 10 à 5 fr. par jour de retard.

Une taxe de 10 fr., dans l'espèce, est une forte amende, une peine sévère et non le prix d'un service. Elle a pu avoir sa raison d'être en 1871, après la conclusion de la paix, alors que l'accroissement anormal qui s'est produit dans le trafic, faisait une nécessité absolue aux Compagnies de tirer de leur matériel roulant, sensiblement réduit par la guerre, tout son effet utile. Un grand intérêt public justifiait, commandait même l'application de cette sorte d'amende. Mais il n'en est plus ainsi aujourd'hui que les Compagnies ont notablement accru leur matériel et l'ont mis en rapport avec leurs besoins.

En résumé, Monsieur le Ministre, la Chambre de Commerce de Douai, s'appuyant sur les considérations qui précèdent, est d'avis :

1° De maintenir à 10 cent. les frais d'enregistrement ;

2° De maintenir pour la petite vitesse les frais de chargement, de déchargement et de gare, sans condition de tonnage, à 1 fr. 50;

par wagon complet, à 1 fr.

3° De maintenir à 40 cent. par tonne les frais de transmission d'une Compagnie à une autre ;

4° De rétablir le temps gratuit de magasinage à 48 heures; à 2 cent. par 100 k. les frais pour les trois jours suivants ; à 5, 7 au plus pour les autres.

5° De fixer à 5 fr. par jour le droit de stationnement des wagons.

Assurée de votre sollicitude pour les grands intérêts dont elle est l'organe, la Chambre espère, Monsieur le Ministre, que vous refuserez d'accueillir les demandes des Compagnies dans ce qu'elles ont d'excessif.

J'ai l'honneur d'adresser, par le même courrier, à l'honorable M. Raudot, Président de la Commission des Chemins de fer, copie de la présente lettre.

Veuillez agréer, Monsieur le Ministre, l'assurance de mes sentiments respectueux.

Le Président de la Chambre de Commerce de Douai,
C. GIROUD.

Après en avoir délibéré, la Chambre approuve ce travail.

TRANSPORTS DES SUCRES.

Douai, le 2 mai 1874.

Le Président de la Chambre de Commerce de Douai à Monsieur Le Roy, Inspecteur commercial de la Compagnie du Chemin de fer du Nord, à Lille.

Monsieur l'Inspecteur,

La Chambre de Commerce de Douai est saisie depuis longtemps déjà par les raffineurs de sucre de son ressort des réclamations que, pour que vous les soumettiez à votre Compagnie, MM. C. Giroud H. Guéritault et Cie vous ont adressées par leurs lettres des 30 mai et 23 juin 1873.

La Chambre, sur votre avis que des négociations étaient engagées entre la Compagnie du Nord d'une part et la Compagnie de l'Est d'autre part, à l'effet de satisfaire à ces justes réclamations, a cru devoir différer de s'en faire l'organe près de MM. les Ministres du Commerce et des Travaux Publics; mais elle ne pourrait plus tarder davantage, car de grands et respectables intérêts sont en souffrance qui réclament vivement son intervention.

J'ai, en conséquence, l'honneur de vous prier en son nom de me faire savoir si les Compagnies sont décidées à rétablir, pour le transport des sucres raffinés du Nord vers l'Est, un tarif commun équitable ou à s'entendre sur toute autre mesure qui fasse cesser la situation privilégiée abusivement accordée par la Compagnie de l'Est à la Raffinerie parisienne.

Veuillez agréer, Monsieur l'Inspecteur, l'assurance de ma considération très-distinguée.

Le Président de la Chambre de Commerce de Douai,

C. Giroud.

Douai, le 26 juin 1874.

Le Président de la Chambre de Commerce de Douai à Monsieur Le Roy, Inspecteur commercial de la Compagnie du Nord.

Monsieur l'Inspecteur,

J'ai l'honneur de vous accuser réception de l'épreuve que vous avez bien voulu adresser à la Chambre de commerce de Douai, en communication du tarif commun spécial Nord-Est, n° 29.

L'examen de ce document a suggéré quelques observations ; je vous les soumets.

Les bases sur lesquelles, avait-on dit, devaient être calculées les taxes, étaient celles-ci :

1° Pour la part du Nord, la 5me série de son tarif général. Or, nous voyons qu'elle est, pour tous les points de départ, augmentée de 0,30 cent. par tonne.

7

5me série de Douai à Paris.			à Laon.	
	16	50	11	90
Frais de gare.	0	40	0	40
	16	90	12	30
Nouveau tarif.	17	20	12	60
Différence en plus.	0	30	0	30
5me série de Lille à Paris.			à Laon.	
	18	40	14	10
Frais de gare.	0	40	0	40
	18	80	14	50
Nouveau tarif.	19	10	14	80
Différence en plus.	0	30	0	30

Je me borne à ces exemples.

Pourquoi cette aggravation de la taxe ? Serait-ce pour les frais ou droit de passage d'une Compagnie à l'autre ?

2° Pour la part des Chemins de fer de l'Est, des taxes calculées, pour un parcours donné, au départ de Laon et d'Hirson, comme l'ont été celles, au départ de Paris, du tarif spécial n° 8 de l'Est.

Or, il n'a point été fait ainsi :

Tarif n° 29.	Part de l'Est *viâ* Laon pour Donjeux.	207 k.	17	50
Tarif spécial n° 8.	p^r^ Bar-le-Duc.	253	17	00
	Différence.	46	0	50

Pour 46 kilomètres en plus, Paris-Bar-le-Duc paie 0,50 cent. de moins que Laon-Donjeux.

Tarif n° 29.	Part de l'Est pour Nancy *viâ* Lyon.	287 k.	23	90
Tarif spécial n° 8.	pour Nancy.	352	23	00
	Différence.	65	0	90

Pour 65 kilomètres en plus, Paris-Nancy paie 0,90 cent. de moins que Laon-Nancy.

Nous pourrions signaler un grand nombre d'anomalies de ce genre ; toutes elles accuseraient la volonté persistante de la Compagnie des Chemins de fer de l'Est de conserver un traitement de faveur aux expéditeurs de Paris.

Leurs concurrents du Nord avaient cependant le droit d'attendre enfin de cette Compagnie plus d'équité dans l'établissement du nouveau tarif n° 29.

Certes, son application améliorera l'état présent des choses qui est, en fait, la fermeture de tous les marchés de l'Est pour les sucres du Nord ; mais il ne donnera pas satisfaction légitime aux intéressés. Avec la Chambre, ils s'étonneront certainement de ce fait que le nouveau tarif présente, pour certaines localités, des taxes plus élevées que celles de l'ancien tarif commun supprimé n° 14.

Reims.	Tarif n° 14	17 10	Tarif n° 29	18 85	Différ.	1 75
Epernay.		19 60		21 85		2 25
Châlons-s/M.		21 90		23 10		1 20
Vitry-le-Fr.		24 55		26 05		1 50
Bar-le-Duc.		28 45		29 55		1 10
Etc.						

Ces relèvements de taxe sont au plus haut point regrettables, portant sur des villes que leur moindre éloignement du Nord déterminaient autrefois, détermineraient encore aujourd'hui à s'approvisionner des sucres raffinés de cette région, si des taxes en juste rapport avec les parcours le leur permettaient.

Est-ce là ce que la Compagnie de l'Est a voulu empêcher ?

On peut le croire.

En résumé, Monsieur l'Inspecteur, la Chambre vous prie de vouloir bien soumettre à votre Compagnie les observations qui précèdent. Ces observations justifient les demandes par lesquelles je termine cette trop longue lettre.

Ramener la part du Nord, dans les taxes communes, aux taxes de la 5me série augmentées seulement de 0,40 cent. pour frais de gare.

Obtenir de la Compagnie de l'Est que sa part soit calculée sur la même base que dans son tarif spécial n° 8, au départ de Paris.

Obtenir tout au moins que le nouveau tarif n° 29 ne présente aucune taxe supérieure à celles correspondantes de l'ancien tarif supprimé n° 14.

Permettez à la Chambre, Monsieur l'Inspecteur, de compter dans cette circonstance sur votre obligeance accoutumée et vos bons offices.

Agréez l'assurance de ma considération distinguée.

C. GIROUD.

CHOMAGE DES CANAUX ET RIVIÈRES NAVIGABLES EN 1874.

Lille, le 6 février 1874.

A Monsieur le Président de la Chambre de Commerce de Douai.

Monsieur le Président,

Monsieur le Ministre des Travaux Publics vient d'autoriser l'ouverture d'une conférence, entre les représentants de l'Administration française et de l'Administration belge, pour le réglement des époques et de la durée du chômage qui aura lieu cette année sur les lignes navigables du département.

Je vous prie de vouloir bien m'adresser sous le plus bref délai les observations et propositions que la Chambre que vous présidez aurait à présenter sur cet objet.

Recevez, Monsieur le Président, l'assurance de ma considération la plus distinguée.

Pour le Conseiller d'Etat Préfet du Nord,

Le Secrétaire-Général délégué,

RIANCOURT.

Douai, le 22 février 1874.

Le Président de la Chambre de Commerce à Monsieur le Préfet du Nord.

Monsieur le Préfet,

J'ai communiqué à la Chambre de Commerce de Douai, dans sa séance du 16 février courant, la lettre que vous m'avez fait l'honneur de m'adresser le 6, concernant le chômage de la navigation en 1874.

Rien n'étant changé dans les éléments de la question que vous nous posez sur ce sujet, la Chambre m'a chargé de vous renouveler les observations et les propositions qu'elle a eu l'honneur de vous soumettre l'an dernier, tant sous le rapport des époques que de la durée du chômage sur les lignes navigables du département.

La Chambre exprime donc le désir que les curages des canaux soient faits *partout simultanément*, du 1er juin au 1er août prochains.

Pendant cette période, la longueur des jours, la douceur de la température et la facilité de trouver des ouvriers terrassiers, non encore occupés aux travaux de la moisson, permettent d'assurer la prompte et facile exécution des travaux.

La Chambre a aussi l'honneur de vous prier, Monsieur le Préfet, de vouloir bien donner la plus grande publicité à vos arrêtés relatifs à l'époque des chômages. Ces arrêtés devraient être publiés six semaines à deux mois avant la date fixée pour l'interruption de la navigation, afin de permettre aux industriels et aux négociants de prendre, en temps utile, les dispositions nécessaires à leurs opérations.

Veuillez agréer, je vous prie, Monsieur le Préfet, l'assurance de mes sentiments les plus distingués.

C. Giroud.

QUATRIÈME PARTIE

STATISTIQUE. — ÉCONOMIE POLITIQUE, INDUSTRIELLE ET COMMERCIALE.

STATISTIQUE INDUSTRIELLE ET COMMERCIALE
de l'arrondissement de Douai pour l'année 1873.

Extrait du procès-verbal de la séance du 21 *mai* 1874.

M. Picot, chargé de colliger les renseignements fournis par les divers membres de la Chambre à l'effet d'établir la statistique industrielle et commerciale de l'arrondissement de Douai pour 1873, présente le travail suivant :

COMPTE MORAL DE LA SITUATION DU COMMERCE ET DE L'INDUSTRIE
Dans la circonscription de la Chambre de Commerce de Douai, en 1873.

Rapport adressé par la Chambre à Monsieur le Ministre de l'Agriculture et du Commerce.

Industrie des Sucres.

Dans l'industrie des sucres, la production qui avait atteint, en 1872-1873, environ 25,000,000 k., s'est abaissée, en 1873-1874, à 16,185,249 k. dans un nombre égal de 35 fabriques en activité.

Les betteraves ont été peu abondantes ; mais leur richesse en sucre, supérieure à celle de la campagne précédente, aurait néanmoins procuré aux fabricants par suite du bon rendement un résultat satisfaisant, si les sucres s'étaient maintenus à des prix rémunérateurs.

Dans ces circonstances, beaucoup d'entre eux, au lieu de vendre leurs sucres au fur et à mesure de la production, préférèrent les conserver chez eux ou les mettre en entrepôt, espérant voir les cours se relever. Malheureusement il n'en fut rien par suite de l'importance croissante des stocks en France et en Angleterre. On peut en juger par les cours moyens du mois de janvier dernier de la Bourse de Paris qui étaient de fr. 58, 50 pour les 7/9, de 54 fr. 92 pour les 10/13 et de 66 fr. 93 pour les blancs n° 3, cours de 4 à 5 francs inférieurs à ceux du mois d'octobre dernier.

Cette situation désastreuse pour la sucrerie a encore été aggravée par le prix exagéré des charbons pendant le cours de la fabrication.

Raffinerie.

Dans la campagne 1872-1873, il a été fondu environ 12 millions de kil. de sucre ainsi répartis : Raffinerie centrale de Douai, 8 millions de kil. et Raffinerie de Sin, 4 millions de kil.

Industrie des alcools.

On compte dans l'arrondissement de Douai cinq distilleries : 3 distilleries de mélasses à Cantin, à Lewarde et à Raches; 2 petites distilleries agricoles de grains et pommes de terre à Orchies et à Flines.

Ces distilleries ont produit en 1873 :

Alcool de mélasses.	29,843 h¹.
» de jus de betteraves . . .	2,800 »
» de grains	589 »
Ensemble. .	33,232 h¹.
La production, en 1872, n'avait été que de. .	28,895
C'est donc pour 1873 une augmentation de. .	4,336 h¹.

Mines de houille.

Les mines de houille de l'arrondissement de Douai ont produit :

En 1873, la Cie des mines d'Aniche . . .	621,235	tonnes.
de l'Escarpelle. . .	245,648	id.
d'Azincourt. . . .	36,769	id.
Ensemble. .	903,652	tonnes.

95,391 tonnes de plus qu'en 1872.

Il existait, à la Renaissance, près de Somain, une fabrique de briquettes de charbons agglomérés. Elle ne produisait que 25 à 30,000 tonnes par an. Vers le commencement de 1873, cet établissement a été racheté par une Société puissante qui l'a reconstruit sur un emplacement voisin avec un outillage neuf et perfectionné de manière à pouvoir arriver à une fabrication de 200 tonnes par 24 heures. Cet établissement a dû expédier, en 1873, 5 à 6,000 tonnes.

Fours à coke.

La fabrication des cokes, pendant l'année 1873, s'est élevée :

pour la Cie des transports	aux fours de Gayant	à .	45,868,345 k.
	» de Dorignies	à .	41,894,580
pour la Cie d'Aniche		à .	31,377.000
	Ensemble	à .	119,139,925 k.
En 1872, il n'avait été fabriqué que			45,000,000 k.
Il y a donc eu, pour 1873, une différence en plus de			74,139,925 k.

Cette augmentation considérable dans la production des industries houillères et des cokes a été déterminée par leurs prix très élevés. Aussi ces industries sont prospères et les bénéfices qu'elles ont réalisés ont déterminé, pour les actions des charbonnages, une nouvelle et importante hausse pendant l'année 1873.

Verres à vitres.

Depuis l'année dernière, deux verreries nouvelles se sont établies à

Aniche et deux fours neufs ont été ajoutés dans des verreries anciennes de la même localité.

Ces nouvelles constructions comprises, il y a donc, dans l'arrondissement de Douai, 35 fours à verres à vitres. Cette industrie s'est vigoureusement développée chez nous depuis 1832, époque où il n'existait que deux fours.

En 1872, il n'y avait eu que 24 fours en activité ; il y en a eu 29 en 1873, soit 4 de plus et cela bien que cette industrie ait eu beaucoup à souffrir, surtout dans les derniers mois de l'année, par suite de la difficulté d'écouler des produits d'un prix de revient trop élevé, déterminé par la cherté du combustible et de la main d'œuvre. Les maîtres de verreries ne pouvant se résoudre à céder leurs verres au dessous du prix coûtant, la consommation s'est arrêtée et la vente à l'exportation a considérablement diminué.

Les fours nouveaux, dont nous venons de parler, avaient été construits sous l'influence des hauts prix et de l'écoulement facile des verres en 1872 ; il est à craindre de voir, par suite du trop plein considérable s'augmentant chaque jour, ces fours s'éteindre dans une très grande proportion, si les fâcheuses circonstances qui pèsent sur cette industrie persistent.

Gobeletterie.

Cette partie est en grande souffrance : les charbons sont trop chers et les prix des produits trop bas.

Glaces.

Même production qu'en 1872.

La vente s'est fortement ralentie, ce qui fait qu'il y a un stock très considérable.

Produits chimiques.

A cause du très haut prix des charbons, des matières premières, de la main-d'œuvre, les produits fabriqués ont toujours été en diminuant ; ce qui fait que l'année 1873 a été très mauvaise pour cette industrie, et aujourd'hui même, à bas prix, il n'y a pas d'écoulement.

Filatures de lins.

Aucun changement notable n'est survenu pendant le cours de l'année 1873.

Il existe dans l'arrondissement de 28,000 à 29,000 broches, sur lesquelles 5,000 et plus ont été complètement arrêtées ; les autres fonctionnent plus ou moins régulièrement. La situation de l'industrie des lins a été loin de s'améliorer. Les affaires sont toujours difficiles et lourdes. Le stock en toiles et en fils n'est point encore épuisé. Les aggravations d'impôts sur les timbres à effets de commerce, sur les huiles à graisser, les patentes, etc., la cherté exorbitante des charbons et prochainement la surtaxe sur les transports à petite vitesse, tout cela n'est pas de nature à relever la position.

Par suite, les lins récoltés et fabriqués dans l'arrondissement sont d'un placement difficile et suivent les cours des fils et des toiles qui tendent chaque jour à s'avilir. Les affaires se font au jour le jour ; aucune opération de longue haleine ne s'est traitée depuis longtemps.

Le teillage mécanique n'a pas réussi malgré les efforts qui ont été tentés ; l'usine de M. Coulmont, de Flines, seule s'est maintenue.

Le nombre des ouvriers et ouvrières employés dans les diverses filatures est de 1400 à 1500.

Les salaires s'élèvent environ à 100,000 francs.

La consommation en lins bruts et étoupes est de 4,250,000 kil. d'une valeur moyenne de 135 fr. les 100 kil., soit en francs 5,740,000 environ.

Les lins employés dans la fabrication des fils sont de provenance de Flandre, de Hollande, de Russie pour 3/5mes et de pays pour 2/5mes.

La production des fils de tous genres peut être évaluée au chiffre de 5 à 6 millions de francs.

Peignage de laines.

Dans le cours de l'année 1873, s'est mise en marche, à Dorignies-lez-Douai, sous la raison sociale Delattre père et fils, une usine très importante pour le peignage mécanique de laines fines de France, d'Australie, de Russie, etc., par un système anglais perfectionné.

MM. Delattre père et fils travaillent à façon.

Leur établissement et ses dépendances sont élevés sur 6 hectares environ.

L'usine est en activité depuis plusieurs mois ; quand elle marchera complètement, elle occupera 600 ouvriers dont un certain nombre logé et nourri dans l'établissement.

Ces Messieurs comptent travailler 50,000 balles environ par an de laine brute, de 200 k. en moyenne et d'une valeur de 500 francs.

La force vapeur est de 1200 chevaux et la force motrice de 3 à 400 chevaux.

Cet établissement est situé à la fois aux jonctions des canaux, rivières et du Chemin de fer du Nord et se trouve aussi en rapport direct avec les mines de charbon.

Brasserie.

Années	Nombre de brasseries.		Dans la ville de Douai.		Totaux pour la ville de Douai.	Dans le reste de l'Arrondissement.		Totaux pour le reste de l'Arrondissement.	Totaux pour tout l'Arrondissement.
	Douai.	Extra-muros.	Forte.	Petite.		Forte.	Petite		
1871	18	60	62,088 h 94 l	43,097 h 82 l	106,386 h 76 l	83,829 h 80 l	56,597 h 55 l	140,427 h 35 l	246,814 h 11 l
1872	17	61	58,572 82	42,816 16	101,388 98	88,828 70	65,297 15	154,125 85	255,514 83
1873	17	63	65,087 84	47,109 04	112,196 88	94,083 99	73,610 37	168,294 36	280,491 24

D'après le présent tableau, la fabrication des bières a été en augmentant depuis trois ans. La différence de 1873 sur 1872, =24,976 hectolitres 41 litres en plus, dont 10,807 hectolitres 90 litres pour la ville de Douai et 14,168 hectolitres 51 litres pour les brasseries extra-muros. Cette progression peut être attribuée à l'établissement de plusieurs grandes usines et de nouveaux puits d'extraction houillère dans l'arrondissement ; mais les brasseries de la campagne y ont la plus grande part.

Nous aimons à signaler un progrès constant dans les procédés manufacturiers par le montage de machines et d'appareils perfectionnés.

Les 280,491 hectolitres 24 litres fabriqués en 1873 ont payé à l'Etat en 1873, savoir :

159,771 h. 83 l. bière forte à 3 fr. 60 l'hect.	.	575,178 fr. 58 c.
120,719 41 petite bière à 1 20 id.	. .	144,863 29
Ensemble.	. .	720,041 fr. 87 c.

En prenant pour base 13 fr. prix moyen de vente à l'hectolitre, cette quantité de 280,491 hectolitres 24 litres représente un chiffre d'affaires s'élevant à 3,650,000 fr. environ.

Il a été employé, pour cette fabrication de 1873, 54,000 quintaux de malt a 40 fr. = 2,160,000 fr. ou 69,000 quintaux grains crûs, représentant 115,000 hectolitres orge et escourgeon, en supposant une freinte de 22 °/₀ au maltage.

Ces 54,000 quintaux de malt retournent à la ferme sous forme de drêches pour servir de nourriture aux vaches laitières.

La quantité des houblons employés s'élève à 24,000 quintaux métriques représentant fr. 500,000.

L'industrie de la brasserie a beaucoup à souffrir : 1° des nouvelles surtaxes imposées (et dernièrement encore de celle d'un demi-décime), sans pouvoir les faire subir à la consommation sinon en partie, le prix de la bière restant invariable au débit ; 2° de la cherté des orges, résultat d'une mauvaise campagne ; 3° du prix élevé des charbons et des cokes ; 4° de l'impossibilité de tirer parti de ses levures de bière, les levures de l'étranger, exemptes de droits, envahissant de plus en plus le marché français.

L'importation de ces levures qui était	en 1871	de	2,779,908 kil.
s'est élevée	en 1872	à	4,364,667 id.
et finalement	en 1873	à	6,570,542 id.

Industrie des huiles.

La fabrication des huiles est loin de se développer dans notre arrondissement. Une usine mue par la vapeur a été démolie l'an dernier à Douai, une autre à Orchies est fermée depuis deux ans ; aucune usine nouvelle n'a été construite en 1873.

Les moulins à vent tendent à disparaître et les autres usines dont le matériel n'a pas été transformé, se ferment.

Il n'y a que les quatre grandes usines dont le système de fabrication a été perfectionné qui puissent soutenir la concurrence des nombreuses usines qui se sont montées, depuis quelques années, dans beaucoup de départements.

Ces quatre usines produisent environ 20,000 k. d'huile par 24 heures.

Le reste de la production de l'arrondissement ne peut être évalué à plus de 1,000 kilogs, ce qui fait un total de 21,000 kil. par 24 heures.

La fermeture des usines et la diminution de la production prouvent que cette industrie est loin d'être prospère dans notre arrondissement.

Meunerie.

La mouture du blé dans l'arrondissement de Douai n'a pris aucun développement.

Les usines sont les mêmes et n'ont subi aucune transformation depuis un an.

Le nombre des paires de meules ayant l'eau ou la vapeur pour moteur est d'environ 70 ; elles produisent en moyenne la mouture de 800 hectolitres de blé.

Il reste encore environ une trentaine de moulins à vent ayant chacun une paire de meules ; ils peuvent moudre environ deux cents hectolitres, soit, pour l'arrondissement, une mouture de mille hectolitres de blé par 24 heures.

L'industrie de la mouture est aussi dans une période mauvaise ; elle donne peu de bénéfices.

Industrie du bâtiment.

L'industrie du bâtiment a eu un peu plus d'activité en 1873 qu'en 1872. Il a été construit dans l'arrondissement une grande quantité de maisons à l'usage des ouvriers, pour les mineurs principalement. De son côté le service de l'artillerie a établi aussi de *grandes constructions*.

Affaires de banque.

Les affaires de Banque n'ont pas sensiblement progressé pendant l'année 1873.

Les maisons de banque sont restées en même nombre et avec le même capital. (A)

Seulement, vers la fin de l'année, on a annoncé l'établissement prochain à Douai d'une succursale de la Société Générale de Paris; son installation a eu lieu, en effet, dans les premiers jours de janvier 1874.

Malgré le cours forcé des billets de banque, le numéraire est redevenu abondant par suite du retour d'une quantité importante des pièces de cinq francs en argent que nous avions données en paiement à l'Allemagne, et aussi par suite de paiements considérables qui nous ont été faits par la Belgique et l'Italie, en leur monnaie d'argent frappée au même titre que le nôtre, aux termes de la convention internationale de 1865.

La Banque de France, qui avait fait d'abord quelque difficulté pour ouvrir ses caisses aux pièces de cinq francs étrangères, a bientôt reconnu qu'il y avait intérêt à en faciliter la circulation; et aujourd'hui elle les accepte sans observations en recettes et les donne elle-même en paiement, ce qui lui permet de faire rentrer les billets de cinq francs dont l'usage présente des inconvénients réels.

Plus que jamais le besoin d'une succursale de la Banque de France se fait sentir à Douai.

Son établissement serait un très grand bienfait pour toute la contrée et accroîtrait considérablement son importance commerciale.

Malgré le retour d'une certaine quantité de monnaie d'argent, les capitaux si raréfiés en France par l'effet désastreux de notre malheureuse guerre, sont bien loin de pouvoir suffire aux besoins impérieux de l'industrie; et, à cet égard, il serait bien à souhaiter que le public en général, et en particulier celui de notre région, arrivât à bien comprendre les avantages sérieux qu'il pourrait retirer de l'usage des comptes de dépôt d'ar-

---

(A) Le chiffre des affaires de la maison L. Dupont et Cie à Douai a été de fr.	185,000,000
Cailliau et Dincq et Cie.	248,000,000
Théophile Bilbaut et Cie.	67,000,000
Bonte. . . . . environ	20,000,000
Total. . .	520,000,000

gent, dans les principales maisons de banque, et aussi de l'emploi des chèques.

D'abord, les fonds qu'on ne laisse que trop souvent chez soi improductifs (notamment dans nos campagnes), produiraient des intérêts à leurs possesseurs; et puis, ils viendraient en même temps par leur circulation rendre d'innombrables services aux industriels et aux commerçants de toute la contrée.

Quand on sait que l'Angleterre, avec une somme de numéraire qui n'est pas la moitié de celle que nous avions à notre disposition avant la guerre, faisait un chiffre de transaction infiniment plus considérable que le nôtre, on comprend qu'une meilleure utilisation de nos ressources par leur concentration dans les banques, nous permettrait en France d'économiser un, deux ou trois milliards de numéraire.

Or, l'intérêt de chaque milliard ne représente pas actuellement moins de cinquante millions de revenu annuel, ce qui serait un bénéfice considérable et bien facilement réalisable pour la communauté Française.

Métallurgie.

L'usine à zinc d'Auby est construite sur dix hectares et des maisons ont été élevées à ses frais pour ses ouvriers sur dix autres hectares.

Cette usine appartient à la Compagnie Royale Asturienne dont le siége est à Bruxelles.

En 1873 elle a employé 21,000 tonnes de charbons, 7,000 tonnes de minerais d'Espagne qui ont produit 2,600 tonnes de zinc brut.

Il a été livré aux laminoirs 3,600 tonnes de zinc brut qui ont rendu 3,500 tonnes de zinc laminé.

La consommation des matériaux réfractaires a été de 2,500 tonnes.

Les besoins de cet établissement pour l'année 1874 sont : charbons 30,000 tonnes; minerais d'Espagne 7,000 tonnes; zinc brut pour laminage 5,000 tonnes; matériaux réfractaires 3,000 tonnes.

Les ouvriers employés sont au nombre de 300 qui ont un salaire moyen de 3 fr. 50 par jour, y compris le salaire des apprentis. Les fondeurs gagnent 8 à 9 fr. par jour et les gamins de 14 ans, au moins 1 fr. 50 à 2 fr.

On n'emploie pas de femmes.

L'établissement a une chapelle et une école pour les garçons et les filles.

Constructions mécaniques. — Fonderies.

Les principaux ateliers pour les constructions mécaniques sont ceux de MM. Le Banneur et Cie, à Dorignies, et la succursale de la maison J.-F. Cail et Cie, à Douai.

Les ateliers de Dorignies ont produit en fonte, fer, tôle, bronze et cuivre, en 1873, 537,753 kil.

Ceux de la maison Cail ont livré une somme de produits de 2,500,000 fr.

D'autres maisons de moins d'importance, à Douai et à Orchies, ont vu se développer leurs travaux.

En dehors des établissements que nous venons de signaler, trois fonderies de fer à Sin, à Aniche et à Marchiennes existent dans l'arrondissement.

La production pour la fonderie de MM. Delval et Cie, à Aniche, a été pour 1873 de . . . . 740,000 kil.

Celle de MM. Wauthy, à Sin, de. . . . . . . 1,243,000 kil.

Commerce des cuirs, tannerie, corroirie.

Cuirs en poils.

Les relevés de l'abattoir de Douai ont donné pour 1873 :

4,279 gros cuirs	à 35 fr.	pièce.	149,765 fr.
3,682 veaux	à 12	id.	44,184
9,186 moutons	à 5	id.	45,930
		Total.	239,879 fr.

soit environ, 10 % de plus qu'en 1872.

En admettant la même augmentation pour les 65 autres communes de l'arrondissement, on aura pour celles-ci :

$$236{,}000 \text{ (chiffre de 1872)} + \frac{236{,}000}{10}$$

ou 236,000 + 23,600, en chiffres ronds . . . . 260,000 fr.

Total. . . . . 499,879 fr.

Cuirs ouvrés (Tannés, mégissés, corroyés).

Le nombre d'établissements qui façonnent ces cuirs

Report. . . . 499,879 fr.

est le même qu'en 1872, mais le travail y a été moindre d'environ 9 °/₀. Cette diminution tient à ce que l'armée, les filatures et la confection ont eu moins de besoins.

La fabrication a été évaluée pour 1872 à 2,906,000 fr.

elle serait donc pour 1873 de $2,906,000 - \frac{2,906,000}{11}$

ou de . . . . 2,641,819 fr.

Total. . . . . 3,141,698 fr.

Commerce de détail.

Le développement signalé en 1872 dans le commerce de détail, dans l'arrondissement de Douai, s'est maintenu jusque la fin de 1873, sauf dans une partie du canton d'Arleux où le commerce de lin se fait sur une grande échelle.

Cette industrie ne trouvant pas l'écoulement facile de son produit, son ralentissement a nui à la prospérité des villages qui s'occupent de ce commerce.

Dans Douai, le chiffre des affaires a plutôt augmenté ; les nouveaux établissements industriels de Dorignies et d'Auby y ont contribué par l'augmentation du nombre de leurs ouvriers.

L'exposition industrielle et commerciale qui a eu lieu en juillet dernier n'est pas restée étrangère à ce mouvement; elle a surtout servi à faire connaître à nos populations les ressources que l'arrondissement possède. Pour la continuation de ce développement, il eût été nécessaire pour 1874 d'avoir une récolte plus abondante, moins d'impôts et un avenir plus certain.

Mouvement des expéditions des quatre gares du chemin de fer du Nord de l'arrondissement de Douai.

Ce mouvement s'est accru en 1873 de 119,977 tonnes.

Tonnage des expéditions.

	1872	1873		
	tonnes.	tonnes.		tonnes.
Douai.	294,565	315,713	Différence en plus pour 1873 :	21,148
Somain.	554,793	605,321		50,528
Montigny.	27,851	45,487		17,636
Pont de la Deûle.	98,722	129,387		30,665
Ensemble pour les 4 gares.	975,931	1,095,908	Différence en plus pour 1873 :	119,977

Tonnage des arrivages.

	1872	1873		
	tonnes.	tonnes.		tonnes.
Douai.	164,362	190,702	Différence en plus pour 1873 :	26,340
Somain.	25,551			
Montigny.	5,413			
Pont de la Deûle.		75,631		
Ensemble pour les 4 gares.				

Batellerie.

SCARPE MOYENNE.

Mouvement de la navigation pendant l'année 1873.

REMONTE.

NATURE DES MARCHANDISES.	Entrées par le canal de la Deûle.	Entrées par la Scarpe Inférieure.	REMONTE. Chargement à Douai.	Transit.	Déchargement à Douai.	Sorties par le canal de la Sensée.	Sorties par la Scarpe-Supérieure vers Arras.
1re CLASSE.							
1° Sucre, café, denrées coloniales, épiceries, savons	906	»	539	807	99	1,346	»
2° Vins, eau-de-vie, esprits, liqueurs et autres boissons	167	»	»	167	»	167	»
3° Céréales et graines diverses	51,005	263	1,497	38,860	12,408	30,494	9,863
4° Métaux ouvrés, machines, etc.	388	»	»	388	»	388	»
5° Soie, coton, laine, chanvre, etc.	2,896	205	»	3,059	42	1,512	1,547
6° Comestibles, fruits et légumes, houblon et tabacs	243	»	»	223	20	94	129
2e CLASSE.							
7° Métaux non ouvrés	4,205	»	»	4,015	190	3,045	970
8° Minerais, asphalte, bitume, etc	2,923	147	»	2,948	122	2,583	365
9° Houille et coke. Français	280,255	4,042	18,856	262,097	22,200	254,944	26,009
9° Houille et coke. Anglais	20,733	»	»	20,415	318	14,386	6,029
9° Houille et coke. Belges	»	1,478	»	1,039	439	198	841
10° Bois de toute espèce, matériaux de construction	53,534	3,528	»	50,799	6,263	47,759	3,040
11° Betteraves, fourrages et engrais	13,200	358	693	8,753	4,865	5,950	3,496
12° Drogueries, produits chimiques	8,247	716	»	5,550	3,413	3,998	1,552
TOTAUX	438,762	10,737	21,585	339,120	50,879	366,864	53,841

DESCENTE.

NATURE DES MARCHANDISES.	Entrées par le canal de la Sensée.	Entrées par la Scarpe Supérieure.	DESCENTE.			Sorties par le canal de la Deûle	Sorties par la Scarpe-Inférieure.
			Chargement.	Transit.	Déchargement.		
1re CLASSE.							
1° Sucre, café, denrées coloniales, épiceries, savons	3,083	»	134	1,509	1,574	1,643	»
2° Vins, eau-de-vie, esprits, liqueurs et autres boissons	30	»	»	»	»	30	»
3° Céréales et graines diverses	9,980	5,597	1,372	14,395	1,182	15,647	120
4° Métaux ouvrés, machines, etc.	»	»	»	»	»	»	»
5° Soie, coton, laine, chanvre, etc.	3,697	329	»	3,800	226	3,800	»
6° Comestibles, fruits et légumes, houblon et tabacs	81	»	»	81	»	81	»
2e CLASSE.							
7° Métaux non ouvrés	1,153	»	»	1,153	»	1,153	»
8° Minerais, asphalte, bitume	7,427	90	»	7,517	»	7,475	42
9° Houille et coke. Français	73,492	»	47,951	71,508	1,989	114,876	4,579
9° Houille et coke. Belges	8,830	»	»	8,328	511	8.114	214
10° Bois de toute espèce, matériaux de construction	91,019	7,450	102	87,436	11,033	83,851	3,687
11° Betteraves, fourrages et engrais	23,690	10,518	635	23,995	10,213	19,789	4,841
12° Drogueries, produits chimiques	56,937	6,918	230	63,661	194	62,835	1,056
TOTAUX	280,328	30,902	50,425	283,408	27,822	319,294	14,539

Différence en plus pour 1873.	Entrées	7,902.
	Transit	3,681.
	Déchargement	4,321.
Différence en moins.	Chargement	28,055.
	Sorties	24,474.

Cette différence en moins est attribuée à la montée moins grande des charbons se rendant sur Paris.

Délibéré en séance, le 21 mai 1874.

Le Rapporteur,
L. PICOT.

VU : *Le Président,*
C. GIROUD.

La Chambre remercie son rapporteur des soins qu'il a apportés à cet intéressant et volumineux travail.

STATISTIQUE.

Production annuelle des fabriques de verres, verreries de glace et miroirs, de savons, de soude et de sels de soude qui existent dans l'arrondissement de Douai.

Statistique sommaire des industries principales.

Situation au 31 Décembre 1873.

DÉSIGNATION des INDUSTRIES.	Nombre des établissements dans l'arrondissement de Douai.	Production annuelle aussi approximative que possible, en quintaux métriques de 100 kilog.	PRIX MOYEN du QUINTAL.
Verreries à bouteilles. . .	5	70,000 quint.	15 fr. »
vitres	11	300,000 »	41 »
gobeleterie . .	1	8,000 »	40 »
Glaces	1	4,500 »	200 »
Fabriques de savons. . . .	5	10,000 »	50 »
Fabriques de soude et de sel de soude	2	8,100 »	28 45

Le Président de la Chambre de Commerce,
C. Giroud.

CINQUIÈME PARTIE

LÉGISLATION

COMMERCE EXTÉRIEUR.

Extrait du procès-verbal de la séance du 9 *juillet* 1874.

La Chambre désigne une Commission de quatre membres pour l'étude du questionnaire relatif au développement du commerce extérieur. Ces quatre membres sont : MM. C. Giroud, Président, Cailliau, Chartier et Lefebvre-Choquet.

En outre, un certain nombre d'exemplaires dudit questionnaire seront demandés à M. le Ministre, puis adressés aux principaux industriels et négociants du ressort avec prière de le remplir. Ces documents seront utilement consultés par la Commission.

Extrait du procès-verbal de la séance du 6 *août* 1874.

L'ordre du jour de la séance appelle la lecture du Rapport de la Commission chargée de rédiger les réponses au questionnaire sur le développement du commerce extérieur envoyé par M. le Ministre de l'Agriculture et du Commerce.

M. Alain Chartier, au nom d'une Commission composée de MM. C. Giroud, *Président*, Cailliau, Lefebvre-Choquet et Chartier, donne connaissance de ce travail.

Rapport fait à la Chambre de Commerce, par l'un de ses membres, M. Alain Chartier, au nom d'une Commission composée de MM. C. Giroud, *Président*, Cailliau, Lefebvre-Choquet et Chartier.

QUESTIONNAIRE.

1. D. *Quels sont les principaux articles d'exportation de votre ville, de votre département ?*

R. Les principaux articles d'exportation de notre ville, de notre département, sont : Les sucres bruts et raffinés, les alcools, les blés, orges, avoines, fèves, farines, les huiles grasses, les verres à vitre, bouteilles et dames-jeannes, les laines peignées, les fils et les tissus de laine, de coton, de lin, le fer, les machines et mécaniques, le zinc laminé et ouvré.

2. D. *Quels sont les pays où ces articles trouvent leurs principaux débouchés ?*

R. Les sucres bruts trouvent leur principal débouché en Angleterre, les raffinés en Belgique, duché de Luxembourg, Allemagne, Suède et Norwége par Anvers. Les céréales s'exportent en Belgique, Hollande, Angleterre; les huiles, en Belgique et en Allemagne; les verres à vitre, en Amérique, Allemagne, Italie, Hollande, Russie ; les bouteilles et dames-jeannes, en Angleterre et dans les deux Amériques; les laines peignées, principalement en Allemagne, un peu en Belgique, en Italie et en Autriche; les fils de lin, en Angleterre, Allemagne, Italie, Belgique et Hollande; les tissus de laine, en Angleterre, Allemagne et les deux Amériques; les machines, dans l'Amérique du Sud et les Indes, en Russie et en Espagne; le zinc laminé et ouvré, en Hollande et en Angleterre.

3. D. *Quels sont ceux où vous ne trouvez pas ou peu de débouchés pour vos produits?*

R. Notre exportation, très-faible en Espagne, en Suède et en Norwége, est pour ainsi dire nulle chez les autres nations du globe qui ne figurent pas dans la nomenclature de l'article précédent.

4. D. *Connaissez-vous les causes qui vous empêchent d'exploiter ces pays et quelles sont ces causes?*

R. Les causes qui nous empêchent d'exploiter les pays dans lesquels notre commerce n'a pas encore pénétré, sont les suivantes : D'abord et avant tout, l'ignorance où nous sommes des besoins de ces contrées et des bénéfices qui pourraient résulter pour nous de nos transactions avec elles. Mais cette ignorance elle-même, quelles sont les causes qui la produisent? Ce sont le manque de hardiesse de nos nationaux, l'absence d'esprit d'entreprise, la répugnance qu'ils éprouvent à s'embarquer pour de lointains voyages, enfin l'insuffisance de notre marine commerciale. Il en résulte que nous voyons des Allemands, des Anglais et des Grecs, appartenant aux meilleures familles, s'installer dans les pays lointains, sans esprit de retour, et y fonder des maisons puissantes par l'honorabilité et les capitaux ; tandis que les Français qui s'expatrient ne sont trop souvent que l'écume de nos populations, n'offrant ni aux nationaux de la métropole, ni aux étrangers chez lesquels ils sont fixés, les garanties nécessaires à des transactions sérieuses et suivies.

5. D. *Quelles sont les réformes utiles au commerce que l'on pourrait introduire dans les colonies? Par quels moyens développer surtout la Cochinchine et la Nouvelle-Calédonie?*

R. Nos relations commerciales avec nos propres colonies ont notablement diminué depuis que nos marchés coloniaux ont été libéralement ouverts aux importations étrangères. Nous n'osons conseiller le rétablissement de l'ancien régime restrictif ; il serait préférable que l'industrie nationale fût mis à même de lutter avantageusement sur nos marchés coloniaux avec les produits étrangers. Pour cela, il faudrait arriver à l'abaissement de nos prix de revient, et, pour obtenir ce résultat, il serait nécessaire d'alléger l'industrie d'une partie de l'énorme fardeau d'impôts qui l'écrase. Car il ne faut pas oublier que ce sont le commerce et l'industrie qui, directement ou indirectement, supportent la presque totalité des charges nouvelles qui incombent au pays depuis la guerre. On frappe le capital et le travail sous toutes leurs formes : comment veut-on après cela que nous puissions lutter contre l'étranger chez lequel ces charges sont plus légères !

6. D. *Ne pourrait-on organiser des Chambres de Commerce françaises dans quelques pays étrangers ?*

R. Sans doute la création de Chambres de Commerce françaises à l'étranger, si elle était possible, pourrait donner de bons résultats. Mais, nous l'avons dit tout à l'heure, le négociant français, intelligent et honorable, ne s'expatrie guère, et il serait presque partout impossible de constituer convenablement ces Chambres.

Il nous semblerait préférable qu'une Chambre centrale du commerce extérieur fût formée à Paris. En relations officielles avec les Ministres, les Chambres de Commerce françaises et étrangères et nos agents consulaires, elle rendrait certainement de très-grands services.

7. D. *Dans quelle mesure profitons-nous de l'émigration française vers les Amériques ?*

R. L'émigration française vers les deux Amériques est fort faible, et ne peut par conséquent donner lieu à un mouvement d'affaires important. En outre, il convient de remarquer que, tandis que l'émigrant anglais vit à l'étranger comme dans la mère-patrie et, imposant ses habitudes à son entourage, développe incessamment la consommation des produits de la métropole, le Français, plus souple, prend facilement les habitudes de la contrée qu'il habite, en adopte les vêtements et en consomme les produits.

8. D. *Quels sont, en général, les moyens d'utiliser au profit du commerce les voyages d'exploration ?*

R. Les moyens d'utiliser, au profit du commerce, les voyages d'exploration, sont les suivants : Attacher au personnel qui les compose des agents commerciaux, des chimistes, des ingénieurs qui étudieraient les ressources des pays parcourus et rapporteraient des échantillons de leurs principales richesses. Ils rédigeraient à leur retour des rapports qui seraient communiqués aux Chambres de Commerce et au public.

9. D. *Quels sont les articles dont l'exportation a augmenté depuis la guerre et pour quels pays?*

R. L'exportation des sucres, des verres à vitre, des bouteilles, des tissus de laine a augmenté depuis la guerre.

10. D. *Quels sont les articles dont l'exportation a diminué depuis la guerre et pour quels pays?*

R. L'exportation des tissus de lin et de chanvre a diminué depuis la guerre.

11. D. *Vos fabricants ou producteurs ont-ils des articles spéciaux pour l'exportation?*

. . . .

12. D. *Quels sont ces articles et pour quels pays?*

. . . .

13. D. *Votre industrie fait-elle des efforts suffisants pour se conformer aux goûts, besoins et habitudes des différents consommateurs?*

R. Notre industrie fait tous ses efforts pour se conformer aux goûts, besoins et habitudes des différents consommateurs étrangers, quand elle est renseignée à ce sujet. Malheureusement l'absence de rapports directs avec l'étranger, l'organisation défectueuse de nos consulats au point de vue des renseignements, maintiennent souvent nos industriels dans une fâcheuse ignorance dont profitent nos concurrents étrangers et surtout les Anglais.

Il serait nécessaire que nos consuls renseignassent plus fréquemment et plus complètement les producteurs français, et combattissent la tendance qu'ont, pour certains articles, les maisons françaises à n'expédier à l'étranger que des marchandises défectueuses ou de qualités inférieures. Le bas prix est bien une des conditions d'écoulement, mais la qualité des marchandises en est une autre qu'il ne faut pas négliger.

14. D. *Quelles sont les voies d'expédition que vous employez?*

R. Nos expéditions de marchandises pour l'exportation se font, du lieu d'origine au port d'embarquement, beaucoup plus par chemins de fer que par canaux. Nos principaux ports d'embarquement sont Dunkerque et surtout Anvers; mais nous expédions aussi par Calais, et même pour certains articles par le Havre et Nantes. Il va sans dire qu'une grande partie des expéditions transatlantiques, qui sortent par Calais ou Dunkerque, se font par voie anglaise.

Nos expéditions pour le continent se font par la Belgique, par Strasbourg pour l'Allemagne, et par Lyon pour l'Italie.

15. D. *Quelles sont les améliorations que vous croyez utiles pour faciliter le bon marché de vos transports ?*

R. Il faudrait, pour faciliter les transports, supprimer l'impôt de 5 % sur la petite vitesse, créer la concurrence des chemins de fer entre eux en facilitant la création de nouvelles lignes et en ne se prêtant plus au fusionnement des Compagnies ni aux rachats des concessions. Il faudrait aussi améliorer les canaux, leur donner l'approfondissement nécessaire pour que les navires d'un certain tonnage pussent arriver à quai dans les centres industriels voisins du littoral ; il faudrait créer la concurrence des canaux et des chemins de fer en rendant les transports par eau plus faciles et plus rapides. Pour arriver à ce résultat, il serait nécessaire de supprimer les droits de navigation, de rendre moins lent le service des écluses, enfin d'améliorer les méthodes de halage.

16. D. *Comment se fait-il que les négociants français profitent si peu de la navigation fluviale ?*

. . . .

17. D. *Dans quels pays trouvez-vous vos plus forts concurrents pour l'exportation de vos articles ?*

R. Nos plus forts concurrents pour l'exportation de nos principaux articles sont : la Belgique, l'Angleterre et l'Allemagne.

18. D. *Connaissez-vous les causes qui leur permettent de travailler à meilleur marché que vous ?*

R. Les causes qui permettent à ces concurrents de travailler à meilleur marché que nous, sont, pour l'Angleterre et la Belgique, les bas prix des charbons et des transports ; à ces causes il faut ajouter, pour l'Allemagne, le bon marché excessif des salaires et, pour les trois pays, des impôts bien moins lourds que ceux qui nous frappent.

19. D. *Est-il possible d'augmenter notre exportation en Europe ? Que faut-il penser des expositions ? Ont-elles un résultat appréciable pour la vente de nos produits ?*

R. Nous pensons qu'il serait possible d'augmenter notre exportation en Europe, mais nous ne pensons pas que les expositions soient de nature à contribuer beaucoup à ce résultat. Les expositions peuvent stimuler la vente des objets de luxe, des articles mobiliers que notre arrondissement et notre département ne fabriquent guère. Nous sommes loin pourtant de les condamner ; car, à un point de vue plus général, elles peuvent rendre des services et elles ne sont pas sans utilité pour nous, surtout pour notre industrie de la construction des machines.

20. D. *Avez-vous à vous plaindre des contrefaçons et savez-vous où elles se produisent ?*

. . . .

21. D. *Quels sont les impôts qui pèsent le plus lourdement sur vos articles d'exportation ?*

R. Tous les impôts nouveaux qui nous frappent depuis la guerre augmentent nos prix de revient, et rendent la concurrence à l'étranger difficile pour certains articles, impossible pour d'autres. Ainsi nos verreries du Nord, qui fabriquaient l'article dames-jeannes pour les deux Amériques, ont été chassées de ces marchés par les verreries de Brême et de Hambourg qui vendent moins cher que nous ; c'est une branche d'exportation perdue depuis la guerre. Autre exemple : les impôts sur les huiles minérales, en frappant un produit en vue de sa destination à l'éclairage, frappent du même coup, dans une de ces matières premières, la fabrication des corps gras destinés à l'industrie.

22. D. *Y en a-t-il que le législateur ait fixés sans croire qu'ils pèseraient directement sur vos articles d'exportation ?*

R. L'impôt de statistique est une charge beaucoup plus lourde que ne l'avait pensé le législateur. Certains articles destinés à l'exportation ne sortent pas directement ; ils sont adressés à des tiers-consignataires et entreposés dans les ports. Dans ces conditions ils ont à subir, contrairement aux intentions du législateur, l'impôt de 5 % du transport par voie de fer du lieu d'origine au port d'embarquement.

23. D. *Quels seraient les moyens de vous en affranchir sans qu'ils cessent de frapper ceux de vos articles destinés pour la consommation intérieure ?*

. . . .

24. D. *Avez-vous des rapports avec nos consuls ?*

25. D. *Quels sont les services qu'ils pourraient vous rendre ?*

26. D. *Croyez-vous que des rapports directs de nos consuls avec votre Chambre de Commerce aideraient au développement de votre exportation ?*

R. Nous n'avons pas de rapports avec nos consuls, et cela tient à l'organisation du corps consulaire qui est plus diplomatique que commerciale. Il serait à souhaiter qu'il en fût autrement et que les consuls relevassent du Ministère du Commerce et non de celui des Affaires étrangères. Quels services immenses les consuls pourraient rendre si on entrait dans cette voie, et si on choisissait toujours pour occuper ces fonctions les hommes les plus aptes à les remplir au point de vue commercial ! Il faudrait qu'ils fussent toujours au courant des affaires, qu'ils connussent à fond les pays dans lesquels ils résident, leurs ressources et leurs besoins ; il faudrait que, dans des rapports périodiques, ils informassent le commerce de leur pays du mouvement des affaires, de l'état du marché du pays où ils sont accrédités. Il faudrait qu'ils pussent entrer en relations directes avec les Chambres de Commerce et les fabricants, surveiller la contrefaçon, aider, autant qu'il serait en leur pouvoir, à sa répression, éclairer nos nationaux sur les fraudes manifestes qui se commettent parfois sur certains articles d'importation et sur la confiance qu'on peut accorder aux certificats d'analyse et de bon arrimage délivrés par les autorités des pays expéditeurs. En résumé, et nous insistons sur ce point, une meilleure organisation du corps consulaire serait un des éléments essentiels du développement de notre commerce extérieur.

27. D. *Quels sont les articles d'importation qui vous intéressent le plus? D'où les recevez-vous?*

D. Les articles d'importation que nous recevons le plus sont les houilles et les sucres bruts belges, les houilles d'Angleterre, les terres et briques réfractaires de Belgique et d'Angleterre, les minerais de zinc, les zincs bruts et les manganèses d'Espagne, les cotons d'Amérique, les lins, les chanvres, les graines oléagineuses et les bois du Nord, le pétrole brut de Pensylvanie.

28. D. *Ne pourriez-vous pas les recevoir plus directement, c'est-à-dire, consommez-vous des matières premières que vous devez aller chercher en Angleterre, en Belgique, en Allemagne, etc., qui pourraient venir directement en France?*

R. Ces matières premières nous viennent soit des pays de production, soit des entrepôts d'Anvers et surtout de Londres, la marine anglaise étant le grand transporteur du commerce continental. En sorte que nous sommes souvent forcés d'aller puiser nos matières premières, et notamment nos laines, dans les entrepôts anglais, alors que, d'autre part, il nous faut expédier en Angleterre ou à Anvers les marchandises que nous voulons faire parvenir dans des contrées à destination desquelles nous ne trouvons pas de navires dans les ports français. En outre, le prix du fret est toujours moins élevé en Angleterre et en Belgique que dans nos ports. Le moyen de remédier à cet état de choses serait de pousser le plus activement possible au développement de notre marine marchande. Pour ne prendre qu'un exemple de l'état d'insuffisance et d'infériorité de la marine française, nous citerons une grande raffinerie de pétrole de notre arrondissement qui achète directement sa matière première dans le pays de production, et qui, depuis onze ans, ayant reçu d'Amérique plus de soixante chargements d'environ 700,000 kilog. chacun de pétrole, par navires à voiles, norwégiens, américains, anglais et allemands, n'a jamais pu trouver à affréter de navires français, même à l'époque où la surtaxe de pavillon écartait les navires anglais de nos importations.

29. D. *Pourquoi ces matières premières ne viennent-elles pas directement en France?*

. . . .

30. D. *Quelles sont celles dont l'importation directe a diminué depuis la guerre?*

A quelles causes attribuez-vous cette diminution?

. . . .

31. D. *Quels sont les frais que vous supportez pour recevoir ces matières premières de l'entrepôt d'Europe d'où vous les tirez?*

. . . .

32. D. *Quels seraient-ils du port de France le plus rapproché de vous?*

. . . .

33. D. *Quelles sont les lignes maritimes à vapeur que vous employez pour vos expéditions outre-mer?*

. . . .

34. D. *Sont-elles françaises ou étrangères?*

. . . .

35. D. *Pourquoi avez-vous souvent avantage à donner votre frêt aux vapeurs étrangers en concurrence avec nos vapeurs nationaux?*

. . . .

36. D. *Quel a été, pour nos relations avec l'Inde et l'extrême Orient, le résultat du percement du canal de Suez?*

. . . .

37. D. *Quelles sont les entraves qui pèsent sur notre marine marchande au point de vue de l'exportation?*

. . . .

38. D. *Les frais de port sont-ils plus élevés chez nous que chez nos voisins, les délais de chargement ou de déchargement plus considérables?*

. . . .

39. D. *Quelles sont les lignes régulières à voiles qui desservent les ports où vous embarquez vos marchandises?*

. . . .

40. D. *Pour quels points du monde êtes-vous obligés d'envoyer vos marchandises s'embarquer dans des ports étrangers?*

. . . .

41. D. *Combien de jours le chemin de fer demande-t-il pour transporter vos marchandises, en petite vitesse, aux points principaux où vous les expédiez?*

42. D. *N'arrive-t-il pas presque toujours que vos expéditions en petite vitesse parviennent beaucoup plus promptement que le règlement de chemins de fer ne l'indique? Ne serait-il pas opportun de mettre les règlements d'accord avec les faits, et de rendre ainsi aux opérations toute la rapidité qu'elles comportent?*

R. Pendant environ huit mois de l'année, c'est-à-dire du 1er février au

1er octobre, les chemins de fer transportent généralement nos marchandises en petite vitesse dans un délai beaucoup plus court que celui qui leur est accordé par les règlements; mais, pendant les quatre mois d'hiver, durant lesquels les jours sont plus courts, et aussi les expéditions — surtout celles de houille — beaucoup plus actives, c'est l'inverse qui se produit. Les Compagnies ne se soucient pas d'augmenter leur personnel et leur matériel pour éviter un encombrement qui ne se produit que durant un tiers de l'année.

Il nous paraît opportun d'abréger les délais accordés aux chemins de fer. Il en résultera peut-être pour les Compagnies l'obligation d'augmenter leur matériel et leur personnel; mais toutes sont, croyons-nous, en situation de supporter ce supplément de charges.

43. D. *Comment êtes-vous remboursés de vos expéditions directes en pays étrangers?*

44. D. *Usez-vous de l'intermédiaire d'établissements de crédit pour opérer ces rentrées?*

45. D. *Voyez-vous quelques améliorations à introduire dans les opérations de nos banques pour faciliter les affaires d'exportation ou d'importation?*

R. Nous sommes remboursés de nos expéditions directes en pays étrangers soit par nos traites sur nos acheteurs ou leurs banquiers, soit par du papier sur Paris et Londres qu'ils nous remettent en couverture. Nous usons généralement de l'intermédiaire d'établissements de crédit pour opérer ces rentrées. La réduction du timbre et la suppression de ce droit pour les effets créés en France et payables à l'étranger seraient certainement de nature à faciliter les affaires d'importation et d'exportation.

46. D. *Quelles sont les connaissances spéciales que vous désirez le plus rencontrer chez les jeunes gens que vous engagez comme employés?*

47. D. *Quelles sont les langues vivantes qui vous semblent aujourd'hui les plus utiles à vos transactions avec l'étranger?*

48. D. *En quoi l'éducation et les lois anglaises ou allemandes contribuent-elles à pousser la jeunesse vers le commerce d'exportation?*

49. D. *Quel parti peut-on tirer, pour développer cet esprit, des écoles spé-*

ciales et du système général d'éducation? Comment l'État peut-il encourager les écoles de commerce?

R. Il est malheureusement hors de doute que l'ignorance de la jeunesse française et son peu de goût pour les carrières industrielles et commerciales comptent parmi les principales causes de notre infériorité. Ce ne sont pas seulement les employés en sous-ordre, ce sont aussi les chefs de nos maisons de commerce qui trop souvent ne possèdent pas les connaissances nécessaires au développement intelligent et fructueux de leurs opérations extérieures. Nos mœurs, il faut le dire, nos habitudes et nos préjugés nous poussent trop fatalement vers le fonctionnarisme. Nos jeunes Français sont habitués, dès leur enfance, à l'idée d'une vie facile et souvent sédentaire, et les parents sont, la plupart du temps, ou les auteurs ou les complices de ce fâcheux entraînement. Il en résulte que, quand vient le moment d'embrasser une carrière, l'objectif, le desideratum de l'adolescent est une fonction publique, un titre officiel. Il recherche l'autorité, il fuit la lutte et la responsabilité. Que de jeunes gens bien doués qui, inondant obscurément les derniers échelons des fonctions publiques, ont vu s'oblitérer, dans un travail infime et machinal, des qualités réelles auxquelles les carrières sans limites du commerce et de l'industrie auraient fourni un puissant essor! Si notre jeunesse s'embarquait résolûment dans cette voie si féconde, quelques-uns succomberaient sans doute, mais beaucoup triompheraient, et nous pourrions tenter de vaincre, sur le champ de bataille paisible de la production et de l'échange, nos voisins et nos maîtres, les Anglais. Nous savons bien que l'État est impuissant à réformer les mœurs; mais il peut du moins améliorer les systèmes d'études et les programmes d'enseignement. Qu'y a-t-il donc à faire? Enseigner d'abord et surtout la géographie si ignorée en France, puis les langues vivantes, l'économie politique, le droit commercial. L'État doit donc, à notre avis, puissamment encourager les écoles de commerce communales ou libres, sans pour cela intervenir directement dans la discipline et l'enseignement, l'organisation de ces écoles devant être subordonnée aux besoins particuliers des régions où elles sont placées. Il faut aussi donner plus d'essor, dans les établissements d'enseignement secondaire, à l'enseignement spécial, et y installer libéralement tout le matériel nécessaire à l'étude approfondie de la géographie et de l'économie commerciale. Que des maîtres intelligents, rompant avec la routine, apprennent à leurs élèves à parler les langues vivantes, et non à faire laborieusement des versions plus ou moins littéraires, le dictionnaire en main. La connaissance de la géographie et des langues vivantes donnera le goût des voyages, et les voyages pousseront vers le commerce international.

Tels sont, croyons-nous, les meilleurs moyens de développer, sur de larges bases, en France, le commerce et l'industrie qui, en enrichissant la nation, lui rendront en même temps sa force et sa grandeur.

Le Rapporteur,
Signé : Alain Chartier.

Après cette lecture et après en avoir délibéré, la Chambre adopte en son entier ce Rapport et décide qu'il sera envoyé dans le plus bref délai à M. le Ministre de l'Agriculture et du Commerce.

La Chambre à l'unanimité vote des remerciements à M. le Rapporteur Chartier pour son travail si lumineux et si complet sur une question intéressant à un très haut point le commerce général de la France.

Sur la proposition de M. le Président, la Chambre en vote l'impression.

TRAVAIL DES ENFANTS DANS LES MANUFACTURES.

Extrait du procès-verbal de la séance du 1er octobre 1874.

M. le Président donne lecture de la lettre ci-après de M. le Sous-Préfet de Douai.

Douai, le 10 septembre 1874.

A Monsieur le Président de la Chambre de Commerce de Douai.

Monsieur le Président,

La loi sur le travail des enfants et des filles mineures, employés dans les manufactures, votée par l'Assemblée Nationale, le 19 mai dernier et promulguée le 3 juin suivant, renferme plusieurs dispositions pour l'exécution desquelles doivent intervenir des réglements d'administration publique.

Ces dispositions sont contenues dans les articles 2, 6, 7, 12 et 13 de la loi.

M. le Ministre de l'Agriculture et du Commerce a confié au Comité consultatif des Arts et Manufactures le soin de préparer les éléments de ces divers réglements.

Le Comité a pensé qu'il importait, avant d'arrêter le texte de ces réglements, de s'entourer de renseignements aussi complets que possible.

Dans ce but, un questionnaire correspondant à chacun des articles précités de la loi a été préparé.

M. le Ministre a décidé que le questionnaire serait adressé aux Chambres de Commerce, aux Chambres consultatives des Arts et Manufactures, aux Conseils de Prud'hommes, aux syndicats industriels, enfin aux chefs d'usines ou d'ateliers les plus importants où les enfants sont occupés, (Verreries, fabriques de sucre, fabriques de tissus, etc.).

J'ai l'honneur de vous transmettre un exemplaire de ce questionnaire, en tête duquel on a pris soin de transcrire le texte de la loi auquel il s'applique.

Je vous serais très-obligé de vouloir bien me retourner ce questionnaire dans la première dizaine d'octobre avec vos observations, et en joignant à vos réponses tous les faits ou renseignements que vous jugerez de nature à appuyer l'opinion que vous aurez exprimée.

Veuillez agréer, Monsieur le Président, l'assurance de mes sentiments les plus distingués.

Le Sous-Préfet,

De Waru.

La Chambre désigne une Commission composée de MM. Giroud, *Président,* Bane, Hanotte, Patoux et Picot, chargée de recueillir et d'étudier les éléments des réglements d'administration publique à édicter pour l'exécution de la loi sur le travail des enfants dans les manufactures.

Extrait du procès-verbal de la séance du 10 *décembre* 1874.

M. le Président communique à la Chambre les réponses qu'il a faites au questionnaire de l'enquête relative aux réglements d'administration publique à intervenir pour l'exécution de la loi sur le travail des enfants dans les manufactures. Ce travail a dû être adressé d'urgence, le 12 octobre, à M. le Ministre de l'Agriculture et du Commerce.

ENQUÊTE

RELATIVE AUX RÉGLEMENTS D'ADMINISTRATION PUBLIQUE A INTERVENIR.

(LOI DU 19 MAI 1874.)

ART. 2 (DE LA LOI).

Les enfants ne pourront être employés par des patrons ni être admis dans les manufactures, fabriques, usines, ateliers ou chantiers avant l'âge de douze ans révolus.

Ils pourront être toutefois employés à l'âge de dix ans révolus dans les industries spécialement déterminées par un réglement d'administration publique, rendu sur l'avis conforme de la Commission supérieure ci-dessus instituée.

QUESTIONNAIRE.

1° D. Quelles sont les industries de votre circonscription dans lesquelles il semble indispensable d'employer des enfants à l'âge de dix ans révolus ?

R. Verreries à bouteilles.—Gobeletteries.

2° D. Quelles sont, pour chacune de ces industries, les raisons qui motivent cette dérogation à la loi, laquelle, en principe, n'autorise le travail qu'à l'âge de douze ans révolus ?

R. La verrerie à bouteilles est une industrie dans laquelle toute la fabrication se trouve dans la main de l'homme ; le travail spécial auquel elle donne lieu est très délicat, très difficile et exige de la part des ouvriers un long apprentissage. En outre, l'expérience a démontré que quand l'apprenti n'était pas pris fort jeune, il devenait impossible de le dresser à ce travail. De là nécessité de le mettre à l'œuvre dès l'âge de dix ans.

3° D. Quels sont les travaux que l'on exige dans ces mêmes industries des enfants âgés de dix ans ?

R. Le travail auquel sont soumis dans les verreries à bouteilles les enfants de dix à treize ans n'est pas insalubre et ne peut en aucune façon nuire à leur développement physique ; en effet, l'enfant reçoit la bouteille des mains de l'ouvrier et la porte du four de fabrication au fourneau de recuit. La distance à parcourir varie entre trois et dix mètres ; c'est une promenade que fait l'enfant dans une halle aérée, loin de toute émanation délétère ; il n'approche même pas du foyer.

4° D. Ces industries pourraient-elles à la rigueur, se soumettre à n'employer que des enfants âgés de douze ans ?

R. Non, ces industries ne pourraient se soumettre à n'employer que des enfants âgés de douze ans parce que, comme nous l'avons déjà dit, l'aide doit être dressé fort jeune, c'est-à-dire vers treize ans et doit être préparé à ce dressage par un stage de deux ou trois ans comme sous-aide ou porteur.

5° D. Dans le cas où l'emploi des enfants de dix ans serait indispensable, il ne pourrait être autorisé que sous la condition que des systèmes de relais seraient organisés.

Quelles limites de durée assignerait-on au travail de chaque relais ?

R. La durée du travail des enfants de dix à douze ans dans les verreries à bouteilles et dans les gobeletteries ne dépasse pas huit heures par vingt-quatre heures. Ces huit heures de travail sont divisées en trois parties par deux repos d'environ une heure chacun.

Dans ces conditions, il ne nous paraît pas nécessaire dans l'intérêt de la santé des enfants que des systèmes de relais soient organisés ; la distribution du travail ne pourrait s'y prêter d'ailleurs ; car il faudrait alors deux relais d'enfants travaillant chacun quatre heures, ce qui nécessiterait le doublement du nombre des enfants, condition qui serait impossible à réaliser attendu que, dans l'état actuel des choses, on ne trouve qu'assez difficilement le nombre d'enfants nécessaire pour servir les ouvriers.

ART. 6 (DE LA LOI).

Dans les usines à feu continu, les enfants pourront être employés la nuit ou les dimanches et jours fériés aux travaux indispensables.

Les travaux tolérés et le laps de temps pendant lequel ils devront être exécutés, seront déterminés par des réglements d'administration publique.

Ces travaux ne seront, dans aucun cas, autorisés que pour des enfants âgés de douze ans au moins.

QUESTIONNAIRE.

1° D. Quelles sont les usines de votre circonscription qui travaillent à feu continu ?

R. Les verreries à bouteilles, les verreries à vitre, la gobeletterie, les fours au zinc et les fours à coke.

On peut aussi considérer comme usines travaillant à feu continu, les fabriques de sucre et les *peignages de laine*, le travail s'y faisant de nuit et de jour.

2° D. Quelles sont celles qui exigent le concours des enfants la nuit, ainsi que les dimanches et jours fériés ?

R. Les mêmes, moins les fours au zinc et les fours à coke qui n'emploient pas d'enfants ni de jour ni de nuit.

3° D. Quelle est, dans ces usines, la nature des travaux que l'on impose aux enfants ?

R. Dans les verreries à bouteilles, porter la bouteille ; dans les verreries à vitres, porter les canons à l'étenderie ; dans la gobeletterie et les *peignages de laine*, des travaux divers de fabrication en rapport avec leurs forces ; dans les fabriques de sucre, remplir les brouettes, manœuvrer les robinets, secouer les sacs.

4° D. Indiquer les raisons qui motivent l'emploi des enfants la nuit et les dimanches ou jours fériés ?

R. Les enfants sont indispensables la nuit et les dimanches, puisqu'ils y ont une tâche spéciale à remplir.

5° D. Faire connaître les usines dans lesquelles chaque équipe travaille douze heures de suite.

R. Fabriques de sucre et *peignages de laine* ; dans les verreries au contraire il n'y a qu'une équipe, ce qui amène une interruption de quatorze heures pendant laquelle s'opère la fusion des matières.

6° D. Indiquer celles dans lesquelles les équipes se succèdent chaque six heures ?

R. Il n'y en a pas dans notre région.

7° D. Comment, dans chacun de ces modes de distribution de travail, est organisé le système qui permet à l'équipe de nuit de devenir équipe de jour et réciproquement, afin d'équilibrer les charges ?

R. Une fois par semaine, soit le dimanche matin, l'équipe de nuit termine le travail à midi au lieu de le faire à six heures, tandis que celle qui lui succède à midi, le continue jusqu'au lendemain six heures du matin.

8° D. Quels sont les moyens qui permettraient d'assurer à l'enfant qui a fait six heures de travail de nuit le repos pendant le jour suivant ?

R. Ce serait l'organisation de quatre équipes d'enfants faisant chacune six heures.

9° D. Quels sont les moyens qui permettraient de donner à l'enfant la liberté, les dimanches et les jours fériés ?

R. Une suspension de travail ou une modification dans le dit travail rendant inutile la présence de l'enfant.

10° D. Pourrait-on obtenir, pour les enfants qui travaillent douze heures de nuit, un moment de repos par interruption de travail ?

R. Ce repos est obtenu par la cessation du travail au moment des repas.

11° D. Quelle durée *minima* assigner à ce repos ?

R. Une heure.

12° D. Les enfants qui travaillent dans des usines à feu continu, situées dans votre circonscription, ont-ils un long trajet à faire pour se rendre à l'usine pendant la nuit ?

R. Non ; les demeures des enfants sont généralement à proximité des usines, quelques-unes ont même des dortoirs à l'usage de leurs ouvriers.

13° D. Ne pourrait-on fixer une distance *maxima* au-delà de laquelle les enfants ne pourraient plus être employés la nuit dans une usine ?

R. Cette question est une de celles qu'il faut laisser apprécier par l'industriel lui-même ; il est intéressé à ne pas accepter les services d'enfants qui arriveraient à son usine fatigués par une longue traite.

14° D. Une heure de travail de nuit ne peut-elle être comptée, soit au point de vue du temps, soit au point de vue des salaires, comme deux heures de travail de jour ?

R. Nous ne le pensons pas, attendu que, pour chaque équipe, le travail de jour succède alternativement de semaine en semaine au travail de nuit. Il en résulte que les deux équipes sont soumises aux mêmes travaux.

15° D. Comment est compté le travail de nuit dans votre circonscription ?

R. Comme celui de jour.

16° D. Y a-t-il dans votre circonscription des usines travaillant par éclusée ?

R. Non.

17° D. Comment pourrait-on organiser le travail dans ces usines, afin d'éviter aux enfants les excès de fatigue ?

. . . .

ART. 7 (DE LA LOI).

Aucun enfant ne peut être admis dans les travaux souterrains des mines, minières et carrières avant l'âge de douze ans révolus.

Les filles et les femmes ne peuvent être admises dans ces travaux.

Les conditions spéciales du travail des enfants de douze à seize ans dans les galeries souterraines seront déterminées par des réglements d'administration publique.

QUESTIONNAIRE.

1° D. Quelles sont les catégories de mines, minières et carrières de votre circonscription qui emploient des enfants dans des travaux souterrains ?

R. Exploitations de houille.

2° D. A quelle nature de travaux ces enfants sont-ils employés ?

R. De douze ans, minimum d'âge pour l'admission, jusqu'à seize, les enfants sont employés d'abord au nettoyage des houilles au jour, puis au fond au remblayage des travaux, port des bois aux ouvriers, fermeture des portes d'aérage, comptage et accrochage des chariots, etc.

3° D. Quels sont ceux de ces travaux pour lesquels l'emploi des enfants semble indispensable ?

R. Tous ces travaux, en raison du peu de force physique qu'ils exigent et de l'habitude qu'ils donnent de l'exploitation sans présenter de dangers, ne comportent pas l'emploi des ouvriers adultes. C'est en ce sens que l'emploi des enfants est indispensable.

4° D. Serait-il possible, en modifiant les conditions et la durée du travail, d'atténuer les inconvénients qui peuvent résulter pour les enfants d'un trop long séjour dans les galeries souterraines ?

R. Le séjour des enfants au fond est de huit heures au maximum, y compris le temps de la descente et de la remonte. Leur travail effectif, qui n'atteint pas six heures, est loin d'être continu. Il n'est jamais pénible et sa durée ne saurait exercer une influence fâcheuse sur leur santé.

5° D. Les enfants sont-ils employés dans les mines pendant la nuit ?

R. Les remblayeurs, soit le tiers environ des enfants, séjournent au fond, y compris la descente et la remonte, de cinq heures du soir à une heure du matin et ont pendant ce temps de fréquents repos.

6° D. Quelle est la durée de leur travail de nuit ?

R. Travail effectif, six heures.

7° D. Quels sont les moyens et les systèmes de relais ou d'équipe qui permettraient d'atténuer les inconvénients du travail de nuit ?

R. Le travail de remblayage ne peut s'exécuter pendant le jour, c'est-à-dire avant la remonte des ouvriers mineurs proprement dits.

On ne pourrait adopter un système de relais ou d'équipes qu'à la condition de disposer d'un nombre d'enfants beaucoup plus considérable, et leur nombre au contraire est toujours insuffisant.

ART. 12 (DE LA LOI).

Des réglements d'administration publique détermineront les différents genres de travaux présentant des causes de danger ou excédant leur force, qui seront interdits aux enfants dans les ateliers où ils seront admis.

QUESTIONNAIRE.

1° D. Quels sont, dans les diverses industries de votre circonscription, les travaux spéciaux qui, en raison des dangers qu'ils entraînent ou des efforts qu'ils nécessitent, paraissent devoir être interdits aux enfants ?

R. Nous n'en voyons pas dans les industries de la région qui emploient des enfants, attendu que leur tâche est toujours proportionnée à leur âge et à leurs forces.

2° D. Ces dangers ou ces efforts sont-ils dûs au travail lui-même ou à sa continuité ?

. . . .

3° D. Quels sont les moyens qui permettraient de remédier aux conséquences de ces dangers ou de ces efforts ?

. . . .

4° D. Ne serait-il pas possible de fixer une charge maxima ou un effort équivalent en rapport avec l'âge de l'enfant employé et qu'il ne serait pas permis de dépasser ?

. . . .

ART. 13 (DE LA LOI).

Les enfants ne pourront être employés dans les fabriques et ateliers indiqués au tableau officiel des établissements insalubres ou dangereux, que sous les conditions spéciales déterminées par un réglement d'administration publique.

Cette interdiction sera généralement appliquée à toutes les opérations où l'ouvrier est exposé à des manipulations ou à des émanations préjudiciables à sa santé.

QUESTIONNAIRE.

1° D. Quels sont dans votre circonscription les industries et travaux insalubres, non au point de vue du voisinage, mais au point de vue des ouvriers occupés dans l'usine, dans lesquels on emploie des enfants ?

R. Fours pour extraction du zinc, produits chimiques.—Mais ces industries dans notre région n'emploient pas d'enfants.

2° D. Quelles sont les conditions dans lesquelles ces enfants devraient y être occupés, de manière à atténuer autant que possible pour eux le danger de l'insalubrité ?

. . . .

3° D. Indiquer les opérations spécialement insalubres ou dangereuses pour lesquelles l'emploi des enfants devrait être prohibé.

R. Rien à dire pour la région.

OBSERVATIONS.

Dans les verreries et gobeletteries de notre région, le travail auquel participent les enfants n'est pas à proprement parler un travail de nuit, c'est plutôt une journée qui commence de bonne heure ; en effet, le travail commence à des heures variables entre trois et six heures du matin, se termine dix heures après, coupé par deux repos d'une heure, ce qui réduit à huit heures la durée du travail effectif. Chaque enfant, chaque ouvrier est averti chez lui que le moment est venu de se rendre au travail ; l'enfant appartient généralement à une famille de verriers, habitant toujours dans le voisinage de l'usine et il ne se rend à l'atelier qu'accompagné de parents travaillant avec lui. Rarement l'enfant se trouve seul de sa famille dans un four de verrerie ; il puise dans cette situation une protection toute particulière et littéralement paternelle ; nous ajoutons que le travail des enfants dans les verreries n'est nullement dangereux. La coopération des enfants de dix ans dans les verreries à bouteilles et gobeletteries, même la nuit, (c'est-à-dire le matin, comme nous l'avons exposé plus haut), est considérée comme tellement indispensable que l'Administration a toujours reculé devant l'application rigoureuse à cette industrie de la loi du 22 mars 1841 encore en vigueur aujourd'hui.

La Chambre approuve les réponses ci-dessus et remercie son Président et les membres des la Commission des soins qu'ils ont apportés à la rédaction de ce document, qui a exigé de nombreuses et importantes recherches.

Extrait du procès-verbal de la séance du 10 *décembre* 1874.

M. le Président donne lecture de la lettre suivante de MM. Jules Delattre père et fils, manufacturiers à Dorignies, sur le projet de loi du travail dans les manufactures.

Dorignies, le 19 novembre 1874.

A Monsieur Giroud, Président de la Chambre de Commerce de Douai.

Monsieur le Président,

Permettez-nous d'ajouter quelques notes au rapport inclus, sur la loi du travail des enfants dans les manufactures.

RÉPONSES AU QUESTIONNAIRE.

ARTICLE 2 (DE LA LOI).

1, 2 et 3. — Nous pouvons employer dans nos industries des enfants de moins de douze ans, mais en général et presque toujours nous ne les prenons qu'à ce dernier âge. — Il y a parfois dans notre industrie des besognes très-légères (le nettoyage à la main des laines lavées) qui peuvent donner un salaire précieux à de jeunes enfants sans leur occasionner ni fatigues, ni dangers, ni dérangements dans leur hygiène, classe, catéchisme, etc.

4 et 5. — Les relais peuvent être volontaires, 6, 8 ou 10 heures, le nettoyage se faisant sur place dans des ateliers éclairés, chauffés et surveillés.

ARTICLE 6 (DE LA LOI).

Dans aucune condition nous n'autorisons le travail du dimanche pour les enfants.

Peignage mécanique des laines fines.

1, 2, 3, 4, 5, 6, 7, 8 et 9. — Le travail des enfants dans l'usine consiste à étaler de légers flocons de laines, les reprendre transformés par la machine à l'état de rubans légers pour les guider de l'une à l'autre. — Cette manutention fort simple n'est confiée néanmoins qu'à des adultes mâles de treize ans et plus. Les deux brigades de jour ou de nuit alternent chaque quinzaine, commençant à 6 heures le matin et à 7 heures le soir, avec une heure de repos pour chaque brigade, à midi et à minuit. — Hors ces repos, ils peuvent encore manger, boire et sortir pendant le travail.

10. — Cette organisation est très-suffisante pour ménager les forces de l'enfant et de tout le personnel employé. Il faut même beaucoup de surveillance pour les empêcher de courir et de jouer pendant le travail.

11, 12 et 13. — Ces populations avoisinent l'usine, nous avons tout intérêt à les avoir aussi près que possible.

14.—Jamais, sauf dans des cas et pour des travaux exceptionnels.

ARTICLE 7 (DE LA LOI).

Rien pour notre industrie.

ARTICLE 12 (DE LA LOI).

Nous n'avons aucun engin dangereux qui ne puisse être confié à tout ouvrier intelligent et soigneux.

ARTICLE 13 (DE LA LOI).

Nous n'avons pas d'industrie insalubre et, dans tous les cas, nous n'y employons pas d'enfants.

Considérations générales.

L'esprit de cette loi dont le but a été de gêner considérablement ou de supprimer, autant que possible, le travail de nuit, peut être très-bon dans certaines localités et dans certaines industries, mal administrées ou mal surveillées. — Tel n'est point le cas, dans nos usines, dont l'importance et la concentration nous obligent à une surveillance excessive.

Tout d'abord, comme usine à feu continu, cette loi ne pourrait nous atteindre; car le seul arrêt du dimanche (que nous respectons pour laisser à nos populations le temps de remplir leurs devoirs religieux et de famille) nous est fort onéreux.

Dans tous les cas, venus à Dorignies, sous l'empire et la liberté relative des anciennes lois, pour apporter à des populations féminines peu occupées un appoint de salaires précieux pour elles, nous n'y trouverions aucune des ressources exceptionnelles qu'offrent les concentrations et les grandes villes pour changer nos populations avec la facilité mise aujourd'hui à changer les lois.

Il y a de plus cette conséquence fâcheuse, c'est que cette loi est destinée, par son esprit, à empêcher la décentralisation industrielle et son extension économique et morale dans les campagnes au profit des concentrations dangereuses des grandes villes.

Nous espérons, Monsieur le Président, que la Chambre voudra bien tenir compte de nos réflexions et les transmettre à qui de droit.

Veuillez agréer l'expression de notre considération distinguée.

Jules DELATTRE, père et fils.

Quoique la Chambre ait déjà adressé à l'Administration supérieure son rapport sur cette question, elle décide, vu l'intérêt que présente le mémoire de MM. Delattre, qu'il sera immédiatement envoyé en communication à M. le Ministre de l'Agriculture et du Commerce.

EXERCICE DES RAFFINERIES.

Extrait du procès-verbal de la séance du 19 *mars* 1874.

Quoique la question ne soit pas à l'ordre du jour, M. Giroud demande à la Chambre si elle veut bien prendre communication d'un projet de lettre qu'il lui propose d'adresser à M. le Ministre de l'Agriculture et du Commerce au sujet de l'exercice de raffineries, à partir du 1er juillet 1875, au plus tard.

Douai, le 19 mars 1874.

Le Président de la Chambre de commerce de Douai, à Monsieur le Ministre de l'Agriculture et du Commerce, à Paris.

Monsieur le Ministre,

Dans sa séance du 12 mars, l'Assemblée Nationale a introduit dans la loi des finances pour 1874, sur la proposition de deux de ses membres, MM. Paris et Pouyer-Quertier, la disposition suivante :

« A partir du 1er juillet 1875, *au plus tard*, les raffineries de sucre seront » assujetties à l'exercice dans les mêmes conditions que les fabriques- » raffineries. »

Cette disposition qui change radicalement l'assiette de l'impôt, provoquera nécessairement l'application de conditions nouvelles dans le commerce des sucres. Ce ne sera plus, en effet, comme aujourd'hui, sur des considérations tirées de leur taxation particulière et de leur rendement légal que s'établiront les prix commerciaux des sucres bruts, mais bien sur leur richesse réelle et leur emploi industriel plus ou moins avantageux au raffinage.

C'est ainsi que, sous ce nouveau régime, la plus-value accordée aujourd'hui aux catégories des sucres sous-sept et 7/9 et la moins-value regrettable dont sont frappés les 15/19, n'auront plus leur raison d'être.

On comprend dès-lors que le passage du régime actuel au nouveau doit être connu quant à son époque, afin que le commerce puisse opérer jusque-là avec sécurité, une application soudaine ne pouvant qu'amener des pertes considérables en troublant toute l'économie des marchés en cours d'exécution, comme il n'est que trop souvent arrivé.

Les nombreux intéressés ont donc le besoin, ont le droit peut-être d'être prévenus de l'établissement futur du nouveau régime assez tôt pour avoir le temps de liquider toutes les opérations engagées sous l'empire de l'ancien. Or, la période à ce nécessaire, Monsieur le Ministre, ne paraît pas à la Chambre de Commerce de Douai devoir être moindre de trois mois.

Déterminée par les considérations qui précèdent, elle émet le vœu :

Que l'application de l'exercice aux raffineries, prescrite par la loi des finances pour 1874, soit annoncée au public, quelle que soit l'époque à laquelle elle aura lieu, par un avis de l'Administration, inséré au *Journal officiel*, trois mois au moins à l'avance.

Elle a l'honneur de recommander la réalisation de ce vœu à votre haute sollicitude pour les grands intérêts dont elle se fait l'organe.

Veuillez agréer, Monsieur le Ministre, l'assurance de mes sentiments respectueux.

Le Président de la Chambre de Commerce,

C. GIROUD.

Les considérations qui ont inspiré M. Giroud dans cette lettre pouvant s'appliquer à toute modification apportée déjà ou à apporter encore à notre législation en matière d'impôts, la Chambre s'y associe tout entière et approuve la teneur de la lettre, en insistant pour que, dans l'intérêt général, il soit protesté contre l'application soudaine de toutes mesures fiscales nouvelles. La Chambre pense donc, avec l'auteur de la lettre concernant l'exercice des raffineries, qu'un délai de trois mois préalablement annoncé aux fabricants est impérieusement nécessaire.

Versailles, le 27 mars 1874.

A Monsieur le Président de la Chambre de Commerce de Douai.

Monsieur le Président,

Par lettre du 19 mars courant, vous rappelez que l'Assemblée Nationale a adopté la disposition suivante, insérée dans la loi de finances de 1874 :

« A partir du 1er juillet 1875, au plus tard, les raffineries de sucre » seront assujetties à l'exercice dans les mêmes conditions que les fabri- » ques-raffineries. »

Vous faites observer que ce nouveau régime apportera de notables modifications au commerce des sucres, et vous demandez, au nom des industriels intéressés dans la question, que l'application de l'exercice aux raffineries soit annoncée au public, quelle que soit l'époque où elle aura lieu, par un avis de l'Administration, inséré au *Journal officiel*, trois mois au moins à l'avance.

Tout en prenant note d'une observation dont je comprends l'importance commerciale, je dois ajouter, Monsieur le Président, que l'application de la loi dépend de la date du vote et de la promulgation, et que l'action du Gouvernement est complètement subordonnée, dans ce cas, à la décision de l'Assemblée Nationale. Il pourrait, en effet, se présenter telle circonstance par suite de laquelle le vote de la loi aurait lieu moins de trois mois avant le 1er juillet 1875, et où il deviendrait, par conséquent, impossible de donner satisfaction au désir que vous m'exprimez.

Sous cette réserve, vous pouvez être assuré que le Gouvernement mettra tous ses soins à sauvegarder, autant que possible, les intérêts considérables engagés dans la question.

Recevez, Monsieur le Président, l'assurance de ma considération très-distinguée.

Le Ministre de l'Agriculture et du Commerce,

A. Deseilligny.

ACQUITS-A-CAUTION.

Extrait du procès-verbal de la séance du 6 août 1874.

M. le Président donne connaissance d'une lettre, du 27 juillet 1874, par laquelle M. Schotsmans se plaint de la nouvelle législation sur les acquits-à-caution qui entrave le commerce d'exportation des farines ; il demande, pour aider à faire cesser cet état de choses, l'intervention de la Chambre de Commerce près de M. le Ministre de l'Agriculture et du Commerce.

Don, le 27 juillet 1874.

A Monsieur Giroud, Président de la Chambre de Commerce de Douai.

Monsieur le Président,

Le décret du 18 octobre 1873 limite la sortie des farines aux bureaux mêmes par lequel l'importation du blé a eu lieu. Les moulins de l'intérieur ne peuvent plus travailler pour l'exportation, et ceux mêmes qui sont à la frontière, ne peuvent plus travailler que dans des conditions exceptionnelles qui cesseront même.

Nous avons reculé d'un coup bien en arrière de 1866, — car, sous le régime de l'échelle mobile, on pouvait sortir les farines par tous les bureaux de la même section. — Le Havre, Boulogne, Calais, Dunkerque, Lille, Valenciennes et toute la frontière de l'Est ne fesaient partie que d'une section. — Maintenant on ne peut plus sortir par Lille ou Valenciennes ce qu'on importe par Dunkerque ou Calais.

Le droit étant uniforme, depuis 1860, on a permis de décharger les acquits par tous les bureaux frontières, et rien ne justifie le décret du 18 octobre, qui doit subsister jusqu'à ce qu'on supprime toute espèce de droit sur les denrées alimentaires.

Je vous salue sincèrement.

A. SCHOTSMANS.

M. Paix déclare appuyer la demande de M. Schotsmans.

Une Commission composée de MM. Fiévet, Lefebvre-Choquet, Paix et Picot, est nommée pour donner son avis sur cette demande.

Extrait du procès-verbal de la séance du 10 *septembre* 1874.

Rapport présenté à la Chambre de Commerce de Douai, contre les dispositions du décret du 13 octobre 1873, limitant la sortie des farines aux bureaux de douane par lesquels s'est faite l'importation du blé, suivant que l'indique l'acquit-à-caution.

Messieurs,

Le décret du 13 octobre 1873 qui limite la réexportation des farines aux bureaux de douane de la direction par laquelle l'importation des froments a eu lieu (art. 3), tend à jeter une grande perturbation dans le commerce des grains et dans l'industrie de la meunerie, en supprimant, ou à peu près, la possibilité de l'admission temporaire des céréales.

En effet, comme il n'y a plus aujourd'hui d'importation de blé par les frontières du Nord, les grandes minoteries de cette région perdant la faculté de la décharge des acquits levés dans une autre partie de la France, le Midi, par exemple, ne peuvent plus, si ce n'est à perte, exporter leurs produits qui encombrent les marchés au grand détriment de l'agriculture.

De là, ralentissement dans le travail de grandes usines établies et développées, sous le régime du décret du 25 août 1861 qui, depuis douze ans, avaient trouvé dans l'exportation leurs éléments de travail et de prospérité.

De là aussi diminution dans les importations à Marseille. Les blés entrant en France, par cette ville, en vue d'exportation de farine pour l'Angleterre ou autres pays par les ports du littoral de l'Océan ou de la Manche, en sus de l'activité maritime et commerciale qu'ils y apportaient, servaient à l'approvisionnement des départements méridionaux où la production du froment est insuffisante et permettaient aux départements du Nord d'écouler avec avantage l'excès de la production, le plus souvent supérieure à leurs besoins.

Le régime du décret du 13 octobre 1873 paralyse tout ce mécanisme avantageux et compromet donc en même temps les intérêts du commerce et de l'industrie, ceux de l'agriculture et de la navigation fluviale et maritime.

Il est beaucoup plus restrictif, pour les admissions temporaires des céréales, que celui du 1er juin 1850 qui, sous le régime des zônes, permettait au moins d'effectuer la *représentation des farines pour la réexportation par l'un des bureaux appartenant à la classe et à la section dans lesquelles l'importation avait eu lieu.*

Pourquoi ce retour à une législation qu'une expérience favorable de plus de dix ans d'un système plus large semblait avoir condamnée pour toujours?

Il faut, sans doute, en voir la cause dans l'élévation trop grande du prix des céréales et dans la disette qu'avait fait craindre la mauvaise récolte de 1873.

Heureusement ces mauvaises conditions n'existent plus après la récolte abondante de 1874 ; l'intérêt de l'agriculture, celui du commerce extérieur réclament l'abrogation du décret du 18 octobre 1873.

Tel est le vœu, Messieurs, que j'ai l'honneur de vous proposer de transmettre à M. le Ministre de l'Agriculture et du Commerce, comme l'ont déjà fait les Chambres de Commerce de Bordeaux, Nantes, Lille, Calais et Dunkerque.

Le Rapporteur,
Signé : PICOT.

Après en avoir délibéré, la Chambre adopte ce rapport et ses conclusions, et décide qu'il sera transmis à M. le Ministre de l'Agriculture et du Commerce, en le recommandant à sa bienveillante attention.

Douai, le 17 septembre 1874.

A Monsieur le Ministre de l'Agriculture et du Commerce.

Monsieur le Ministre,

J'ai l'honneur de vous adresser, en le recommandant à votre bienveillante attention, le vœu ci-joint de la Chambre de Commerce de Douai, tendant à l'abrogation du décret du 13 octobre 1873, relatif à la réexportation des farines provenant de blés étrangers importés.

Veuillez, etc.

Le Président,
C. Giroud.

IMPOT SUR LA VERRERIE.

Extrait du procès-verbal de la séance du 19 *février* 1874.

M. Bane communique à la Chambre un mémoire dans lequel il se place comme représentant une des principales industries de notre contrée et proteste contre le projet d'impôt sur la verrerie. Ces observations sont écoutées avec un vif intérêt et la Chambre, justement alarmée tant pour les intérêts particuliers qu'elle représente que pour les intérêts généraux du commerce et de l'industrie, par les impôts multipliés qui menacent de tarir les sources productives des richesses du pays, décide, sur la proposition de M. Billet, que le mémoire de M. Bane recevra non-seulement son entière approbation, mais qu'il sera complété par les observations qu'elle a déjà formulées dans sa lettre, du 13 novembre 1873, à M. le Ministre de l'Agriculture et du Commerce.

Rapport de M. Bane sur l'impôt projeté sur la verrerie.

Messieurs,

Le Gouvernement et la Commission du budget ont reconnu l'absolue nécessité d'arriver à établir l'équilibre du budget de l'exercice 1875 au moyen de nouveaux impôts.

Parmi ceux proposés par M. le Ministre des Finances, plusieurs ont été adoptés par la Commission et l'Assemblée, et sont déjà en vigueur.

Mais un dissentiment est survenu entre le Gouvernement et la Commission en ce qui concerne l'impôt sur les transports par la petite vitesse. La Commission, en rejetant cet impôt, propose de le remplacer :

1° Par une augmentation de droits sur les successions en ligne directe;

2° Par une augmentation de droits sur l'alcool;

3° Par un droit sur les viandes salées venant de l'étranger;

4° Et enfin par un impôt sur le verre.

La Chambre de Commerce de Douai a déjà exprimé, dans sa lettre du 13 novembre 1873, à M. le Ministre de l'Agriculture et du Commerce, son sentiment au sujet des impôts qui, frappant spécialement le travail, mettent obstacle à sa puissance productive, partant au développement de la richesse du pays. Elle ne peut donc, conséquente avec elle-même, que protester de nouveau, en cette circonstance, contre les accroissements d'impôts dont sont menacées les industries du sucre et de l'alcool, déjà si écrasées. A cet égard, la Chambre n'a plus à faire ressortir l'influence funeste, sinon désastreuse, de ces mesures fiscales sur l'agriculture et l'industrie du département, sans parler du mécompte qui attend probablement le Trésor.

Mais la Chambre croit devoir insister particulièrement sur le projet nouveau, dont il s'agit, de frapper une des industries les plus considérables de son arrondissement, l'industrie de la verrerie.

Au fond, les impôts proposés par M. le Ministre des Finances et rejetés par la Commission ne diffèrent qu'en apparence de ceux que la Commission propose pour les remplacer; les uns et les autres se rattachent au même principe et, en définitive, c'est encore à l'impôt indirect qu'on demande les ressources dont on a besoin.

Tout en reconnaissant qu'il est indispensable de fournir au Trésor public les ressources qui lui sont indispensables, il faut constater qu'il serait désirable, ainsi que la Chambre en a déjà manifesté le vœu, que le commerce et l'industrie ne fussent pas seuls chargés de combler les déficits signalés dans nos budgets; il serait bon enfin de chercher à puiser un peu à d'autres sources si l'on ne veut arriver au tarissement et, par suite, à l'arrêt du travail national.

La discussion générale des nouveaux impôts a indiqué plusieurs systèmes qui mériteraient de fixer l'attention à ce seul point de vue, qu'en procurant les ressources dont on a besoin, ils ne feraient pas obstacle au travail ni à la production. Mais même, en admettant que l'impôt indirect doive seul fournir les ressources nécessaires à l'équilibre du budget, au moins conviendrait-il de préférer des impôts qui atteignent tout le monde, mais chacun légèrement, et qui ne soient ni inquisitoriaux ni vexatoires, à ceux qui frappent spécialement une industrie particulière, et pour la perception desquels l'exercice devient nécessaire.

Déjà trop d'industries se trouvent soumises à l'immixtion des agents du fisc.

La proposition primitive, en ce qui concerne l'impôt du verre, devait frapper toute la verrerie en général : les glaces, le verre à vitres, les bouteilles, la gobeletterie et la cristallerie. M. Léon Say vient de présenter un amendement qui n'impose plus que les bouteilles, le verre à vitres et les glaces; la gobeletterie et la cristallerie se trouvent ainsi implicitement exonérées.

La Commission du budget aurait adhéré à cet amendement.

Le projet d'impôt sur la verrerie entre donc dans une nouvelle phase.

Pour les bouteilles, le nouvel amendement stipule qu'elles ne seront imposées que jusqu'au minimum de 37 centilit. 1/2 de contenance. Ce premier pas démontre à quel point était peu étudié le projet primitif qui se trouve ainsi modifié pour la seconde fois avant la discussion.

La Commission, en adhérant à l'amendement Léon Say, paraît avoir reculé devant les difficultés de perception et de restitution qui existent pour les branches de l'industrie du verre qu'elle abandonne; mais elle commet une grande erreur en croyant que ces difficultés seront moindres pour les autres spécialités.

Les bouteilles qui passeront pleines à la frontière; les expéditions qui comprendront des bouteilles d'une contenance au-dessus de 37 centilit. 1/2 soumises à l'impôt, et d'autres bouteilles au-dessous de cette contenance qui en seront affranchies; les bouteilles, le verre à vitres, les glaces qui s'expédient avec un poids d'emballage si variable, présentent des difficultés ou même des impossibilités tout aussi réelles.

Dans l'état actuel de la question, l'impôt sur le verre atteindrait précisément les produits de la verrerie qui ont une moindre valeur et qui se trouvent déjà le plus frappés : le verre à vitres, par l'arrêt presque complet des travaux de bâtiment; les bouteilles, par les mauvaises récoltes en vins qui se succèdent depuis plusieurs années, par l'élévation des droits sur les boissons et par les taxes différentielles qui frappent les expéditions de liquides en bouteilles.

Enfin, les bouteilles et le verre à vitres ont eu et ont encore grandement à souffrir de la crise industrielle, de la crise houillère, et la mévente actuelle ne pourrait que s'aggraver si un impôt quelconque venait à les frapper et à en augmenter le prix de revient dans les fabriques.

L'impôt, ainsi réduit aux bouteilles, au verre à vitres et aux glaces, ne produirait plus, déduction faite des frais de perception, qu'une somme insignifiante qui ne pourrait servir de justification à une atteinte aussi grave portée au travail national.

En effet, les évaluations du projet primitif comprenant toutes les branches de la verrerie, portaient à 10,000,000 le produit de l'impôt sur le verre; ce produit se trouverait maintenant réduit, par l'amendement de M. Léon Say, à environ 6,000,000 bruts, desquels il faut déduire les frais de perception, qui sont de 30 p. 100 environ; il resterait donc pour produit net de l'impôt sur le verre une somme de 4,200,000 francs.

En terminant, il faut citer les paroles de M. le Ministre des Finances, dans la séance de l'Assemblée du 30 janvier dernier :

« Reste enfin l'impôt sur la verrerie ; il exigerait un exercice coûteux ; il » est d'une perception incertaine ; ce n'est pas un bon choix au point de » vue fiscal, mais surtout c'est un impôt injuste. Pourquoi imposer cette » industrie entre toutes quand on ne demande rien aux autres? »

L'une des branches très-importantes de l'industrie de l'arrondissement de Douai se trouverait atteinte, si l'impôt proposé sur le verre venait à être voté par l'Assemblée : les manufactures de glaces d'Aniche ; les verreries à vitres d'Aniche, de Somain, de Marchiennes et de Raches ; les verreries à bouteilles de Douai, Dorignies, Frais-Marais, Raches et Arleux ; toutes ces usines, qui occupent un nombreux personnel d'employés et d'ouvriers, seraient exposées à subir une grande perturbation, si l'impôt dont leurs produits sont menacés, devenait définitif.

La Chambre de Commerce de Douai, tant au point de vue général qu'au point de vue des industries de son ressort, a donc le droit et le devoir de faire entendre sa voix dans le débat qui s'agite. Elle émet le vœu que l'impôt sur le verre, qualifié d'injuste par M. le Ministre des finances lui-même, soit rejeté par l'Assemblée.

Elle décide que copie de cette délibération sera adressée à la Commission du budget et à M. le Ministre de l'Agriculture et du Commerce.

IMPOT SUR LE CAPITAL.

Extrait du procès-verbal de la séance du 9 juillet 1874.

Dans sa séance du 11 juin 1874, la Chambre de Commerce ayant examiné le mémoire que lui avait fait parvenir M. Menier, manufacturier, prie M. Giroud, son Président, qui avait présenté diverses observations sur le système préconisé par M. Menier, de résumer son opinion dans un travail qui serait adressé à M. le Ministre des Finances.

M. Giroud donne lecture de ce travail.

Rapport à la Chambre de Commerce de Douai sur l'impôt sur le capital.

Messieurs,

Un grand manufacturier, membre de la Chambre de Commerce de Paris et du Conseil Général de Seine-et-Marne, M. Menier, frappé de l'impuissance manifeste de notre système si compliqué d'impôts pour satisfaire aux immenses besoins du pays, effrayé du fardeau écrasant dont il charge l'industrie nationale, s'est demandé, après bien d'autres penseurs, économistes, hommes d'Etat, s'il ne conviendrait pas de chercher, ailleurs que dans l'accroissement des impôts actuels, les ressources qui nous font encore défaut.

En dehors de nos contributions directes et indirectes se sont offerts à ses études l'impôt sur le *revenu* et l'impôt sur le *capital*.

L'impôt sur le revenu, Messieurs, n'est pas un simple concept théorique ; la lumière s'est faite sur sa valeur économique ; il est établi, non sans avantages, dans plusieurs Etats, et, notamment, sous le nom *d'Income Tax*, dans le Royaume-Uni.

Cependant, M. Menier le repousse résolûment. Malgré les défauts de cet impôt, nous ne sommes pas entièrement de son avis.

Etudions rapidement cet impôt. Il séduit les esprits honnêtes, en donnant satisfaction à leurs idées de justice. Il est très-élastique, c'est-à-dire susceptible de produire plus ou moins au gré du législateur, suivant les besoins de la situation ; c'est un avantage. Mais il est d'une assiette difficile, si le fisc ne s'en rapporte à la déclaration du contribuable ; et, dans ce cas, appliqué par une administration soupçonneuse, il peut devenir vexatoire, presque inquisitorial. C'est parmi ses défauts celui dont certainement se plaindrait le plus le contribuable français. Il en a d'autres, plus graves encore.

Le revenu est ou le loyer d'un capital, espèces, maisons, terres, instruments de travail, etc., ou bien le fruit d'un travail quelconque, fonctions, charges publiques, opérations industrielles ou commerciales, etc., etc.

Le revenu-loyer peut être facilement et justement atteint par l'impôt. La taxe de 3 % dont sont grevés, depuis deux années, les intérêts et les dividendes servis à leurs actionnaires par les Sociétés financières et industrielles en est un exemple.

Cette première application de l'impôt n'a rien de vexatoire ; elle produit d'ailleurs au-delà des prévisions les plus optimistes.

Elle en conseillera au législateur de nouvelles non moins équitables et fructueuses sur des revenus de nature analogue ; nous le croyons. Tout au contraire, d'accord en cela avec M. Menier, il ne nous paraît pas que le revenu, fruit d'un travail, soit, de sa nature, imposable.

Souvent, en effet, il ne représente que le *nécessaire*, soit pour les besoins de la vie, soit pour la libération d'engagements impérieux. L'imposer, c'est donc frapper le travail, la production ; c'est atteindre le capital en voie de formation.

Des considérations de cet ordre ne sont peut-être point étrangères à ce fait, lequel, de prime-abord, peut paraître anormal et injuste, que les bénéfices réalisés par un industriel ne sont pas atteints par l'impôt de 3 % qui frappe ceux de l'établissement similaire, appartenant à une Compagnie. C'est que les bénéfices de l'industriel s'ajoutant à son capital l'accroissent, tandis que les bénéfices de la Compagnie se résolvent en simples revenus pour ses commanditaires.

Quoiqu'il en soit de la valeur des observations et des réserves qui précèdent, M. Menier rejette absolument l'impôt sur le revenu. Toutes ses préférences vont à l'impôt sur le capital.

Il définit le capital : *Les choses qui constituent la richesse acquise.* Il estime de 160 à 200 milliards celui de la France, et propose l'essai de son système par l'application de 1 pour 1000, laquelle produirait, au bas mot, 160 millions. Cette ressource comblerait le déficit de nos budgets et permettrait de réduire celles des contributions indirectes qui pèsent le plus lourdement sur la consommation ou la production.

Dans la pensée de M. Menier, le succès de cette première tentative déciderait certainement le législateur à porter l'impôt à 2 pour 1,000, puis successivement à 3, 4, etc., jusqu'à ce que l'élévation de son produit, la facilité de sa perception permettent de le substituer à toutes les contributions actuelles.

Tel est le système de M. Menier, telles ses espérances. C'est bien séduisant ; mais n'y a-t-il rien à y reprendre ?

« Le capital, ce sont toutes les choses qui constituent la richesse acquise, » dit M. Menier, et ce sont ces choses qu'il veut imposer. Elles sont bien nombreuses et fort diverses. La plupart sont, elles aussi, des instruments de travail, de production, de génération de richesses. Les imposer, n'est-ce donc pas aussi atteindre le travail et la production ?

Autre observation :

Les capitaux d'une même valeur produisent, on le sait, suivant leur nature ou leur utilisation spéciale, des revenus fort inégaux.

Ainsi, le capital-terres rapporte moins que le capital-habitations, lequel, moins que le capital-mobilier ou industriel, etc. Cependant, l'impôt sera-t-il établi sur le chiffre même du capital, sans tenir compte de son revenu ou en y ayant égard ?

Dans le premier cas, il pourrait bien ne pas être équitable ; dans le second, il deviendrait presqu'une forme de l'impôt sur le revenu.

De ces considérations et d'autres non moins sérieuses, on peut conclure que l'impôt sur le capital ne se présente pas avec ce caractère de simplicité et de justice distributive, avec cette supériorité de valeur économique que lui attribue M. Menier ; c'est un impôt comme un autre. Il n'a pas que des avantages, il a des défauts.

Le législateur, sans doute, pourra l'appliquer utilement, s'il le fait avec discernement et mesure ; il en sera de même, selon nous, quoi qu'en dise M. Menier, de l'impôt sur le revenu. Ce sont là deux sources à peine utilisées jusqu'ici, auxquelles il peut et doit simultanément puiser pour combler le déficit de nos budgets, pour réduire les impôts de consommation dont le poids énorme comprime l'essor de notre industrie et de notre commerce.

C'est en me plaçant à ce point de vue, Messieurs, que j'ai l'honneur de proposer à la Chambre de recommander l'étude et l'application progressive des impôts sur le revenu et sur le capital aux pouvoirs publics.

C. GIROUD.

Après lecture et discussion de ce rapport,

La Chambre :

Considérant que le produit des impôts en vigueur, malgré leurs augmentations récentes, reste inférieur aux besoins du pays ;

Qu'il y a lieu, afin de pourvoir aux déficits annuels si les dépenses publiques ne peuvent être réduites, de créer de nouvelles ressources ;

Considérant que ces ressources ne pourraient être demandées aux contributions indirectes ni aux patentés sans arrêter le mouvement commercial et industriel du pays malheureusement déjà trop ralenti par les charges actuelles ;

Emet le vœu qu'il ne soit rien ajouté aux contributions en vigueur ; subsidiairement, que l'impôt sur le revenu et l'impôt sur le capital, qui paraissent susceptibles de se substituer avantageusement, dans certains cas, à quelques autres, soient mis à l'étude et appliqués de préférence, s'il y a lieu.

La présente délibération, avec copie du rapport qui l'a motivée, sera, par les soins de M. le Président, adressée à M. le Ministre de l'Agriculture et du Commerce.

Paris, le 31 août 1874.

A Monsieur le Président de la Chambre de Commerce de Douai.

Monsieur,

Vous m'avez adressé une expédition d'une *délibération* de votre Chambre *tendant à ce qu'il ne soit plus rien ajouté aux contributions indirectes*, et à ce qu'un projet d'impôt sur le capital ou sur le revenu soit mis à l'étude et appliqué de préférence, s'il y a lieu.

J'ai l'honneur de vous faire connaître que j'ai transmis cette délibération à M. le Ministre des finances, comme objet rentrant dans ses attributions.

Recevez, Monsieur, l'assurance de ma considération distinguée.

Le Ministre de l'Agriculture et du Commerce,
Pour le Ministre et par autorisation :
Le Sous-Directeur,
GIRAUD.

FIN

COMPOSITION
DE LA
CHAMBRE DE COMMERCE
DE DOUAI
PENDANT L'ANNÉE 1874.

MM. GIROUD, Casimir, *Président*.
PAIX, Edmond.
LEFEBVRE-CHOQUET, Edouard.
BILLET, Alfred.
HANOTTE, Victor, *Vice-Président*.
PATOUX, Adolphe (✱).
MILLE, César, *Secrétaire-Trésorier*.
WIBAULT, Henri.
FIÉVET, Constant (O. ✱).
BANE, Joseph.
BUTRUILLE, Émile.
PICOT, Léon.

GAILLIAU, Victor.
CHARTIER, Alain (✱).
FAREZ, Eugène.
LANVIN, Charles.
} *Membres correspondants.*

MOGUEZ, Léon, *Secrétaire-Archiviste*.

TABLE DES MATIÈRES

PREMIÈRE PARTIE.

Service intérieur de la Chambre.

DEUXIÈME PARTIE.

Questions d'intérêt local.

TROISIÈME PARTIE.

Chemin de fer. — Navigation.

QUATRIÈME PARTIE.

Statistique. — Économie politique, industrielle et commerciale.

CINQUIÈME PARTIE.

Législation.

Douai. — Imprimerie Dechristé, rue Jean-de-Bologne.

www.ingramcontent.com/pod-product-compliance
Lightning Source LLC
Chambersburg PA
CBHW052044270326
41931CB00012B/2623
* 9 7 8 2 0 1 9 9 1 9 4 8 1 *